기본 의약 미생물학 및 실험

Basic Medicinal Microbiology and Experiment

김경진 저

BIOSCIENCE (주)바이오사이언스출판

김경진 (선문대학교 제약생명공학과 교수)

1982, 서울대학교 농화학과 졸업, BS.
1984, KAIST 생명과학과 졸업, MS.
1995, University of Iowa(미) Dept. of Microbiology, Ph.D.
1995 - 1997, University of Colorado Health Science Center(미), Postdoctoral fellow.
1997 - 현재, 선문대학교 교수

이 도서의 국립중앙도서관 출판예정도서목록(CIP)은 서지정보유통지원시스템 홈페이지(http://seoji.nl.go.kr)와 국가자료종합목록시스템(http://www.nl.go.kr/kolisnet)에서 이용하실 수 있습니다.
(CIP제어번호 : CIP2020007636)

기본 의약 미생물학 및 실험

인쇄일: 2020년 3월 5일
발행일: 2020년 3월 10일

저 자: 김경진
발행인: 문정구
발행처: (주)바이오사이언스출판
주 소: 06569 서울특별시 서초구 도구로 115, 1층(방배동)
전 화: (02)581-4057~8
팩 스: (02)581-4059
이메일: inquiry@biosciencepub.com
홈페이지: http://www.biobooks.co.kr
ISBN: 978-89-6824-101-7 (93470)

등록번호: 제22-3079호

값 12,000원

(주)바이오사이언스출판

책을 만들며

학문의 경계가 뚜렷이 나누어져 있던 20세기 순수 자연과학적인 미생물학 강의와 21세기의 융합적인 학문이 생겨 나오고 있는 시대의 미생물학 강의는 추구하는 교육 목표와 내용이 확연히 달라야 할 것입니다.

수년간 제약생명공학과 소속으로 '의약 미생물학(medicinal microbiology)'이라는 과목을 학생들에게 강의하면서, 학생들의 진로에 필요한 과목이 되도록 과정을 편성한 경험을 바탕으로 이 책을 만들게 되었습니다. 제약과 화장품 산업 그리고 생명공학 전반에서 연구하고 일할 사람에게 필요한 기본적인 미생물학 지식을 제시하는 것이 이 책과 강의의 일차적인 역할이라 생각합니다. 한 학기 강의로 되어 있는 제한된 시간 속에서 종래의 미생물학 전반을 모두 살펴보는 것은 어려운 일이므로, 기본적인 미생물학 사항과 학과 전공과정과 연계된 부분에 집중해 다뤄야 할 주제를 선택하였습니다.

이 책은 크게 두 부분으로 나누어, 첫 번째 부분에서는 선별된 주제에 대해 최소한의 생물학적 기본 지식으로 이해할 수 있도록 설명하였습니다. 두 번째 부분은, 첫 번째 부분과 연계하여 각 주제를 실험을 통해 익힐 수 있게 편성하였습니다. 실제 현업에서 필요로 하는 미생물학적인 기본 주제들이 포함되도록 하였습니다.

제약공학 및 생명공학 분야에서 미래의 꿈을 펼치길 원하는 많은 전공 학생들이 필요로 하는 미생물학적인 기본 지식을 제공할 수 있는 책이 되었으면 하는 소망을 가져 봅니다. 이 책이 발간될 수 있게 도와주신 (주)바이오사이언스출판 여러분께 감사드립니다.

2020년 봄을 기다리며,
김경진

제 I 부

제 II 부

제 I 부

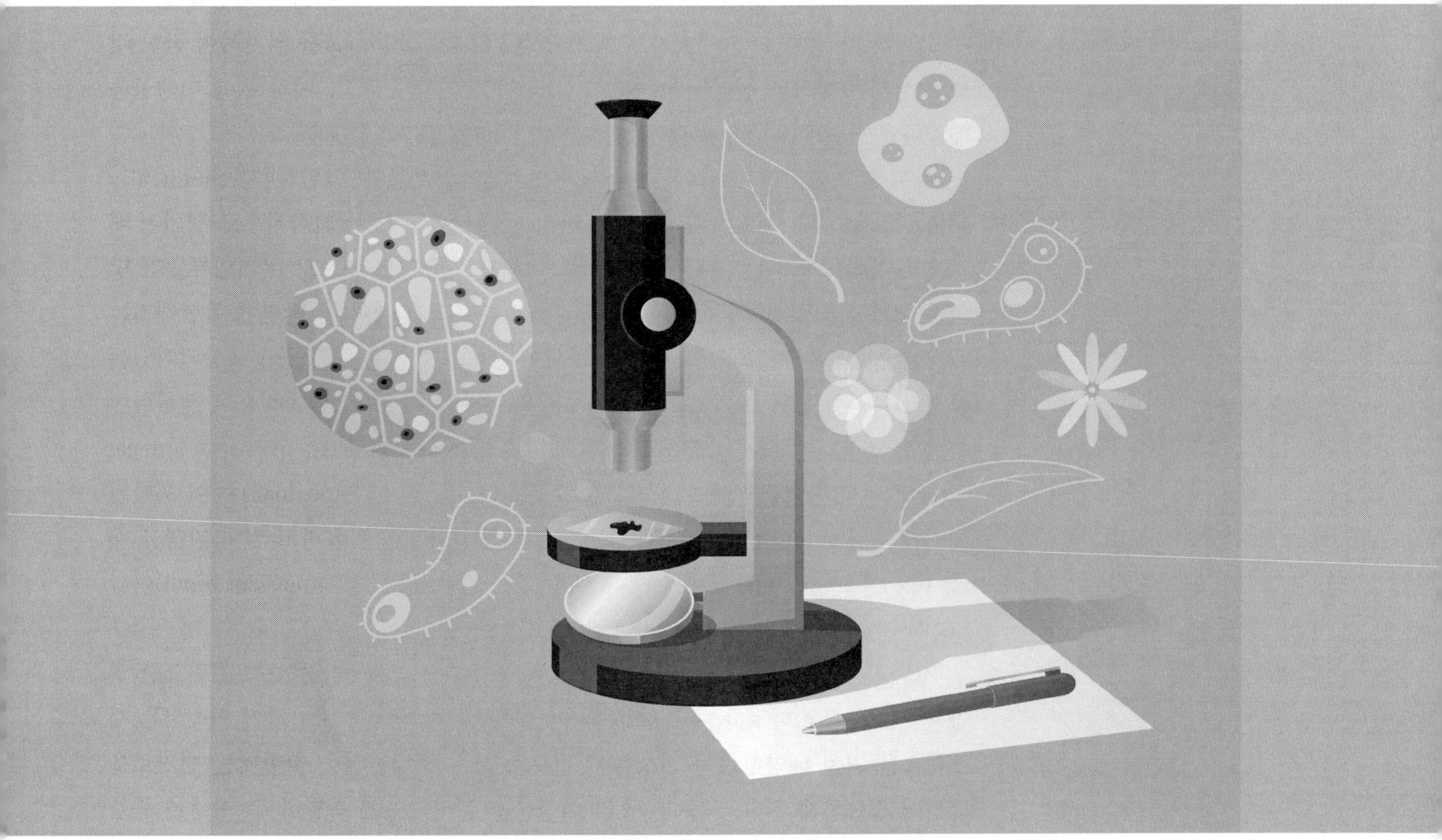

01 미생물 배지의 준비, 멸균법

특정 종의 미생물을 키우기 위해 실험실에서 준비하는 영양물질을 배양배지(culture medium, 복수형; culture media)라 한다. 흔히 줄여서 배지라고 부른다. 이러한 배지는 배양하려고 하는 각 미생물 종의 생리적 특성을 고려하여 미생물학자들에 의해 고안되어 왔다. 다양한 미생물 종에 따라 다양한 종류의 배지가 고안되었고, 같은 종의 미생물을 어떠한 실험 용도에 맞추어 배양하느냐에 따라 각기 다른 배지들을 고안하여 사용하고 있다.

배지는 조성된 성상에 따라 액체배지(liquid media)와 고체배지(solid media)로 나눌 수 있다. 액체배지는 여러 영양물질들을 수용액 상태로 만들어 미생물을 키울 수 있도록 한 것이다. 고체배지는 액체배지에 고형물질인 agar를 첨가하여 굳힌 것으로 실제는 반고체 상태(semi-solid state)를 유지하게 되고, 이것 위에 미생물을 배양하면 콜로니를 얻을 수 있다.

배지를 화학적인 조성에 따라 나누면, 화학적으로 정의된 배지(chemically defined media)와 복합배지(complex media)로 나눌 수 있다. 화학적으로 정의된 배지는 배지에 들어가는 모든 성분들이 화학적으로 규명된 것으로 무기염류들과 당이 들어가는 최소배지(minimal media)가 그 대표적인 예이다. 반면에 복합배지는 배지에 들어가는 성분 중 그 화학적 조성이 밝혀지지 않은 물질들이 포함되어있는 배지로 조성할 때에 따라 그 화학적 성분이 달라질 수 있다. 일반적으로 실험실에서 많이 사용하는 배지 조성물질인 효모 추출물(yeast extracts), 고기 추출물(meat extracts)이나 단백질의 가수분해물인 트립톤(tryptone), 펩톤(peptone) 등이 포함된 배지가 여기에 해당한다. 복합배지는 풍부한 영양물질을 함유하고 있어 미생물 배양이 용이하므로, 실험실에서 많이 사용하고 있는 영양배양액(nutrient broth)이나 LB 배양액(Luria-Bertani broth) 등이 대표적인 예이다.

각종의 미생물들은 그 생리 대사 작용이 모두 다르므로, 각각 생장에 필요한 영양물질들이 서로 다르다. 특정한 종의 미생물을 위한 배지를 고안하기 위해서는 시행착오를 거쳐 배양하려는 미생물이 필요로 하는 조성물질을 찾아내는 번거로운 작업이 필요하게 된다. 새로운 종의 미생물을 분리하려면 특별히 그 미생물 종을 배양할 수 있는 배지와 적절한 생장 조건을 찾아내는 일이 우선되어야 한다. 그러므로 우리 주위에 수없이 많은 종의 미생물들이 존재하고 있지만, 아직 우리가 적당한 배지와 생장 조건을 알지 못하기 때문에 배양할 수 없는 미생물 종들이 대부분인 것이 현실이다. 현재도 많은 미생물학자들에 의해 새로운 미생물 종의 분리를 위한 새로운 배지의 고안이 계속되고 있다.

우리가 살고 있는 지구 생태계에는 눈에 보이지 않는 미생물들이 같이 살고 있다. 이렇게 우리 생활환경 어디에나 미생물이 존재하는 상황을 'septic' 이라는 형용사로 표현한다. 그러므로 우리가 준비하는 모든 미생물 배지에도 원래 배지 조성물질에 있던 미생물들이 그대로 남아 있게 되고, 이들이 미생물 배양을 위해 준비한 영양물질들을 사용하여 우리가 배양하려는 미생물을 키우기도 전에 그 안에서 번성하게 될 것이다. 이러한 상황을 배지의 오염(contamination)이라 부르며, 이를 방지하기 위해 준비한 배지는 배양 전에 미생물이 존재하지 않는 무균상태(aseptic)로 만들어야 한다. 배지나 특정 공간에 존재하던 미생물들을 사멸시키거나 제거하여 무균의 상태로 만드는 방법을 무균법(aseptic technique)이라 한다. 무균 법 중 하나로 배지 속의 미생물을 완전히 없애는 것을 멸균(sterilization)이라 한다.

멸균 방법 중 가장 대표적인 것이 고온고압 멸균법인데, 이는 121℃에서 적어도 15분간 15psi의 압력으로 열을 가하여 멸균하는 방법이다. 이때 압력을 가하는 이유는 121℃의 수증기를 얻기 위해서이다(압력을 가하지 않으면 100℃의 수증기만을 얻게 됨). 이 조건에서 멸균하면 세포와 일부 내생포자(endospore)까지 모두 죽일 수 있으므로 우리가 원하는 멸균 효과를 얻을 수 있다. 이러한 온도와 압력을 얻을 수 있게 고안된 기기가 고압멸균기(autoclave) 이다. 배지 조성물질을 넣어 혼합한 배지를 알맞은 용기에 넣고 고압멸균기로 멸균하게 되면, 우리가 원하는 미생물만 배양할 수 있는 상태의 멸균된 배지를 얻게 된다.

일부 배지 조성물질은 열에 의해 파괴되기 쉬우므로 고압멸균 대신 여과(filtration)를 통해 멸균하기도 한다. 이때 사용하는 여과장치는 일반적인 박테리아의 크기보다 작은 틈을 가진 것을 사용하게 되는데, 보통 0.45㎛의 틈을 가진 필터(filter)를 사용한다. 만일 일반적인 크기의 동식물 바이러스까지 거르길 원한다면 0.22㎛의 틈을 가진 필터를 사용하면 된다.

한편 일회용 배양접시와 같이 가연성 플라스틱으로 만들어진 실험재료들은, 제조회사에서 비닐 등으로 포장한 후 에틸렌옥사이드(ethylene oxide : EO) 같은 멸균 작용을 하는 가스를 포장 속에 주입하여 포장 안쪽을 무균 상태로 만든 다음 환기가 잘 되는 곳에서 EO 가스가 빠져나갈 시간을 충분히 주어야 한다. 이러한 가스 멸균법은 autoclave를 사용하는 고온고압 멸균법과 비교해 시간과 비용이 많이 드는 단점이 있으나, 고온고압 멸균법에 사용되는 고온 고압의 스팀으로 인해 손상을 입을 수 있는 실험재료를 멸균하는 방법으로 많이 사용된다.

02 순수배양

지구 생태계에는 수많은 종류의 생물들이 서로 섞여 상호작용하며 살고 있고 이 중 가장 많은 종과 개체수를 차지하는 것은 역시 우리 눈에 보이지 않는 미생물들이다. 이렇게 자연상태의 미생물들은 수많은 종이 서로 섞여 살아가는 상태이므로, 그중 특정한 한 종의 미생물의 성질을 연구하기 위해서는 그것만을 따로 골라내어 유지하는 방법이 필요하게 되었다.

초기 미생물학자들은 특정한 감염 질병의 원인균을 찾아내기 위한 연구 과정에서 한 종의 박테리아만을 분리하는 필요성을 느꼈다. 드디어 독일의 미생물학자인 코흐(Koch)가 한 종의 박테리아만을 자연계에서 분리하여 배양하는 데 성공하였고, 이러한 과정을 순수배양(pure culture)이라고 부르게 되었다. 순수배양을 위해 코흐는 박테리아가 군집(colony)을 이루어 자랄 수 있도록 한천(agar)을 배양액에 첨가하여 오늘날 우리가 사용하는 반고체 상태의 배양배지(semi-solid culture medium)인 한천배지(agar medium)를 만들었다. 각기 다른 종의 박테리아들을 한천배지 상에서 스프레딩(spreading; 도말) 하여 배양하면 서로 다른 다양한 형태의 콜로니를 형성하게 되고, 이 중 한 종류의 콜로니 만을 선택하여 일부를 따서 액체 배양을 하여 충분히 키웠다. 이렇게 키워진 액체 배양액을 다시 한천배지 상에 스프레딩 하여 콜로니를 형성하게 하였다. 비록 한 종류의 콜로니에서 출발한 배양액이지만 아직 다른 종류의 박테리아가 섞여 있는 경우가 많으므로 한천배지 상에는 몇 종류의 모양이 다른 콜로니가 나타날 수 있었다. 그러나 처음 선별하였던 콜로니가 가장 많이 나타났으며, 우세하게 많이 나타난 콜로니를 선택하여 다시 액체 배양하였다. 계속 액체 배양한 것을 한천배지에 스프레딩 하는 과정을 여러 차례 반복하여 수행하면, 결국 액체 배양 후 한 가지 모양의 콜로니만을 형성하는 액체 배양액을 얻게 된다. 최종적으로 특정한 종의 순수배양에 성공한 것이다. 코흐는 탄저병에 걸려 죽은 가축 시료에서 이와 같은 과정을 거쳐 한 종류의 미생물을 순수 배양하였고 이를 살아있는 실험동물에 주입하여 탄저병이 발생하는 것을 확인하여 탄저병의 원인균인 *Bacillus anthracis*를 찾아내었다. 그 이후로 순수배양법은 미생물학의 가장 근간이 되는 필수 기법으로 자리 잡았고, 지금도 처음 미생물학을 배우는 학생들이 완벽히 습득하여야 할 실험 기법이 되었다.

어떠한 감염병의 원인균을 증명하는 방법으로 지금도 사용하고 있는 Koch의 상정(Koch's postulation)은 이러한 순수배양법이 개발되었기에 가능하였다. Koch의 상정은 4단계의 과정을 밟는다.

1단계는, 같은 병원균(pathogen)이 그 질병(disease)의 모든 경우에서 존재하여야 한다.

2단계는, 질병에 걸린 숙주(host)로부터 병원균이 분리되어 순수배양 될 수 있어야 한다.

3단계는, 순수배양 된 병원균을 건강(healthy)하고 감염 가능한(susceptible) 실험동물에 접종하였을 때 같은 질병을 일으켜야 한다.

4단계는, 접종된 동물로부터 순수배양을 통해 병원균을 분리하고 그것이 원래의 병원균과 같은 것임을 보여준다.

이상의 4단계를 차례로 만족시키면, 순수배양 된 병원균이 그 질병을 일으키는 병원균이라는 것을 증명하는 것이다. Koch의 상정은 현재도 새로이 나타나는 감염병의 원인균이나 원인바이러스를 증명하는 방법으로 사용되고 있고, 이것을 단계별로 통과하여야 그 질병의 원인균이나 바이러스로 학계에서 인정받을 수 있다.

순수배양을 가능하게 한 것이 1장에서 이미 이야기한 무균법(aseptic technique)이다. 순수배양에 사용되는 배지들은 고온고압 멸균을 거쳐 무균 상태로 만들어졌으므로, 이러한 배지를 사용하여 실험할 때는 주위에 항상 존재하는 다른 미생물들이 의도하지 않게 섞이는 것을 막아야 한다. 이것이 순수배양을 수행하는 과정에 가장 중요한 무균조작(aseptic manipulation)이다. 실험실에서 행하는 일반적인 무균조작(general aseptic manipulation)은 다음과 같이 정리할 수 있다. 첫째, 멸균된 배지나 기구 등을 사용할 때 가급적 빠른 시간 안에 작업을 수행하는 것이다. 둘째, 멸균된 배지나 기구 등을 외부에 노출 시킬 때는 알코올램프나 가스버너의 불꽃 근처에서 행하도록 한다. 알코올램프나 가스버너의 불꽃 주위의 공기가 가열되어 공기 중에 존재하고 있는 미생물들이 사멸하여 무균 상태가 될 것이기 때문이다. 셋째, 백금이(일명 loop, 루프라고도 함)나 스프레더(spreader)를 사용하여 배양을 원하는 미생물을 옮기는 작업을 하기 전 백금이나 스프레더를 반드시 멸균하여야 한다. 백금이나 스프레더를 직접 알코올램프나 가스버너의 불꽃에 담가 멸균하게 되는데, 충분히 달구어 백금이나 스프레더에 묻어 있던 미생물들을 사멸시킨 후 그대로 식혀 사용한다. 넷째, 가장 상식적인 일이지만 무균조작 작업 중 말을 하거나 웃지 않도록 주의한다. 말하거나 웃는 중 우리도 모르는 사이에 침이 튀게 되고, 그것에 섞여 있는 미생물이 멸균된 배지나 기구에 옮겨질 수 있다. 일반적인 미생물 실

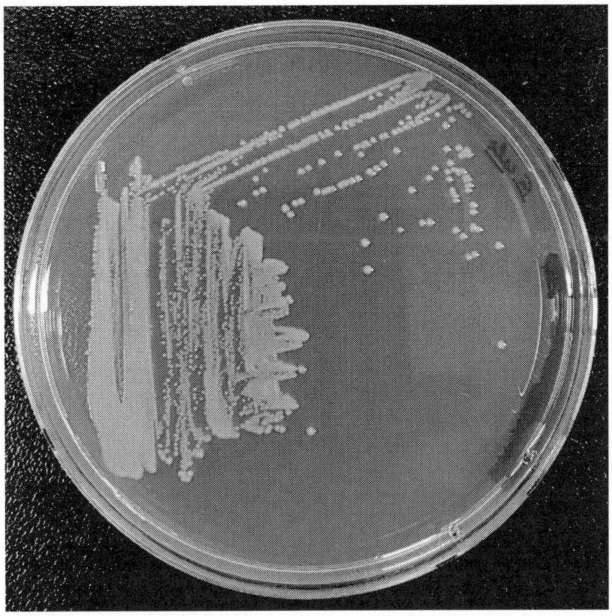

그림 2-1 ≫ 플레이트에 나타난 단일 콜로니(single colony).

험의 경우, 이와 같은 무균조작 수칙을 잘 지키면 문제없이 실험을 수행할 수 있을 것이다. 만일 무균조작이 실패하면, 주위에 있던 원하지 않는 미생물들이 배양 배지에 섞이게 되고 배양 후 자라게 될 것이다. 이러한 상태를 오염(contamination)이라 부른다. 숙달된 미생물 실험자는 무균조작수칙을 철저히 지켜 오염이 발생하지 않을 것이다. 한편 사람에게 감염할 수 있는 병원성 박테리아 등을 실험에 사용할 경우, 법에서 정하는 절차에 따라 특별한 보호 시설이 갖춰진 실험실에서만 실험을 수행하여야 한다. 이번 시간부터 여러분은 미생물의 배양을 기본으로 하는 많은 실험을 하게 될 것이며 실험 과정 중 무균조작수칙을 정확히 지킨다면, 여러분의 실험에서 오염은 발생하지 않을 것이다. 이렇게 오염 없는 실험 과정을 거치며 여러분은 점점 능숙하게 무균조작 할 수 있는 미생물 실험자가 되는 것이다.

순수배양 방법에서 가장 중요한 미생물의 단일 콜로니(single colony)를 얻는 방법으로 2가지 방법을 들 수 있다. 시료나 배양액을 실험적으로 처리하는 방법인데, 두 방법 모두 다른 콜로니와 잘 분리된 단일 콜로니를 얻는 것이 목적이다.

첫 번째 방법은 스트리크 플레이트(streak plate)법이다. 이 방법은 액체 상태의 시료나 콜로니로 부터 백금이를 사용하여 균을 옮기거나 접종(inoculation)하는 것이다. 접종은 준비한 배지에 배양하려는 미생물을 집어넣는 작업을 말한다. 그림 2-1은 스트리크 플레이트 방법에 의해 얻어진 단일 콜로니를 보여준다.

두 번째 방법은 도말 플레이트(spreading plate)법이다. 이 방법은 주로 액체 상태의 시료를 잘 건조된 플레이트의 중앙에 떨어뜨린 후 멸균된 스프레더를 사용하여 플레이트 전체 표면에 고루 펼치는 것이다.

이외에도 단일 콜로니를 얻는 방법은 아니나 액체 상태의 박테리아 배양액을 새로운 멸균한 액체 배양액에 옮겨주는 방법이 있는데, 이를 계대배양(subculture)이라 한다. 기존의 밤새 배양한 순수 분리된 균의 배양액을 새로운 액체 배지에 접종하여 증식시키는 작업으로, 이미 있던 배양액의 아주 적은 양을 새로운 배양액에 옮겨 다시 생장하게 하는 작업이다. 일반적으로 실험실에서는 마이크로 피펫을 사용하여 아주 적은 양의 배양된 액체 배양액을 새로운 신선(fresh) 배양액에 옮기게 된다.

03 우리 주변에 상존하는 미생물들

우리가 살아가는 지구 생태계는 어디에나 미생물이 존재하고 있다. 단지 그 크기가 너무 작아 우리 눈에 보이지 않기 때문에, 우리는 그 존재를 인식하지 못하고 있을 뿐이다. 우리가 미생물의 존재를 알게 된 것은 근대적인 현미경이 발달한 1800년대 이후부터이다. 현미경으로 미생물을 확대 하여 보게 된 다음에야 미생물의 존재를 인정하게 되었고, 이에 대한 연구가 시작되었다.

현대 미생물학에서는 미생물(microbe 또는 microorganism)을 '맨눈(naked eye)으로 볼 수 없는 작은 생명체를 집합적으로 부르는 용어'로 정의하고 있다. 미생물은 크게, 박테리아(bacteria), 고(생)박테리아 또는 원시박테리아 (archaebacteria or archaea), 곰팡이(fungi), 미세조류(microscopic algae), 원생생물(protozoa), 윤충(helminth) 그리고 바이러스(virus)로 분류할 수 있다. 이 중에는 진핵생물(eukaryotes)도 있고 원핵생물(prokaryotes)도 있는데, 너무 작아서 현미경 또는 전자현미경으로만 관찰할 수 있다는 공통점을 가진다(물론 일부 곰팡이나 기생충이라는 용어로 익숙한 윤충은 육안으로 볼 수 있으나, 전통적으로 미생물로 분류하고 있으며 미생물학의 연구 대상으로 되어 있다). 바이러스의 경우, 대사 작용(metabolism)을 하지 못하므로 생명체로 볼 것인지에 대한 논란이 있었으나 유전체(genome)를 가지며 살아 있는 숙주세포에 감염되면 자신과 같은 바이러스로 증식될 수 있으므로 생명체로 간주하고 있다. 자연 상태에서 발견되는 바이러스는, 단백질로 된 머리가 유전체를 둘러싸고 있는 입자(particle) 형태를 하고 있고 그 크기가 박테리아 세포 보다 훨씬 작으므로 일반 현미경으로는 관찰할 수 없고 전자현미경(electron microscope)으로 볼 수 있다.

박테리아를 포함한 미생물들은 우리 주위에 존재하고 있으나 맨눈으로 볼 수 없으므로 일상생활에서는 그 존재 여부를 인식하지 못하는 경우가 대부분이다. 사람의 신체 표면뿐 아니라 내부에도 우리 몸을 이루는 세포 수 보다 더 많은 수의 박테리아나 곰팡이 그리고 원생생물들이 어우러져 살아가고 있다. 이렇게 우리 신체에 장기간 서식하며 살아가는 미생물들을 정상 미생물 균총(normal microbiota)이라 하며 숙주인 우리에게 유익한 영향을 끼치는 것으로 알려져 있다. 최근에는 인간과 정상 미생물 균총과의 상호작용이 우리의 건강 상태와 질병 발생 여부와 밀접한 관련이 있다는 연구 결과가 계속 발표되고 있다. 일부 미생물학자들은 인간이 정상 미생물 균총의 숙주라는 고정 관념을 깨뜨리며, 인간 유전체(human genome)에 빗대어 정상 미생물 균총을 미생물체(microbiome)로 부르기도 한다. 사람뿐 아니라 동물과 식물도 정상 미생물 균총을 갖고 있다.

미생물은 지구를 이루고 있는 3대 권역(sphere)인 대기(aero-sphere), 토양(litho-sphere), 해수나 담수(aqua-sphere)에 모두 존재하고 있다. 그러나 자연 상태의 시료에 존재하는 대부분의 미생물 종들은 그 농도가 낮아 일반적인 현미경 관찰을 통해서 검출되지 않을 수 있다. 이렇게 농도가 낮은 미생물 종들은 인위적으로 잘 자랄 수 있는 환경을 만들어주고 필요한 영양물질들을 공급하여주는 배양(cultivation)을 거쳐 증식시킨 후 현미경으로 관찰하거나 미생물학적인 기법으로 검출할 수 있다. 자연계의 미생물 중 현대 미생물학의 배양 기술로 배양할 수 있는 종(species)의 수는 학자들에 따라 견해의 차이가 있으나 기껏해야 몇백 종에서 몇천 종에 지나지 않는 것으로 알려져 있다. 대부분의 미생물 종들은 현재의 미생물학적 기법으로는 관찰할 수 없다는 것이 통설이다. 최근에는 자연 상태의 시료에서 전체 유전체 DNA들을 무작위로 분리하고 분석하여 배양하지 못하거나 관찰할 수 없는 미생물들의 존재 여부를 간접적인 방법으로 확인하는 메타지놈 시퀀싱(metagenome sequencing) 또는 메타지노믹스(metagenomics)가 활용되고 있다. 현재까지 분리되고 분류된 미생물 종의 수는, 지구상에 존재할 것으로 예상되는 전체 미생물 종의 수의 1%도 되지 않는다는 것이 최근까지의 연구 결과이다. 즉 우리는 지구상에 존재하는 대부분 미생물을 아직 분리하지 못하고 있다는 것이다.

04 현미경 사용

맨눈으로 볼 수 없는 작은 크기의 미생물이 존재한다는 것이 알려지게 된 것은 현미경(microscope)을 사용하여 미생물을 실제로 관찰하였기 때문이다. 17세기 네덜란드의 부유한 상인이었던 안토니 반 리벤후크(Antoni van Leeuwenhoek)는 유리를 가공하여 렌즈를 만들어 사물을 관찰하는 취미를 가진 아마추어 과학자였다. 렌즈 제조 실력이 뛰어난 그는 두 개의 렌즈를 잇대어 현재 우리가 사용하는 복합광학현미경(compound light microscope)과 같은 원리의 초보적인 현미경을 고안하였다. 이를 가지고 사물을 확대하여 관찰하면서, 그는 1683년 영국왕립학회에 보낸 보고서에서 현재의 박테리아로 보이는 확대된 움직이는 물체의 그림을 발표하였다. 이것이 현미경을 사용하여 최초로 미생물을 관찰한 기록으로 받아들여지고 있다. 이후로 사람들은 현미경을 만들어 미생물을 관찰하였으며, 19세기 이후에는 이러한 미생물의 존재를 사람들이 인정하게 되었다. 19세기 중반 이후 미생물학이 시작되어 급속히 발전할 때에도 현미경은 가장 중요한 연구 수단으로, 이를 사용하여 많은 업적이 생산되었다. 미생물은 너무 작아 맨눈으로 볼 수 없기 때문에, 현재도 현미경은 미생물 연구에 있어 여전히 가장 중요한 도구 중 하나이다.

실험실에서 가장 많이 쓰고 있는 복합광학현미경은 두 개의 렌즈를 갖고 있으며, 광원(light source)으로 램프가 사용되고 있다(그림 4-1). 시료(specimen or sample)를 투과한 빛이 대물렌즈(objective lens; 접물렌즈라고도 번역)와 대안렌즈(ocular lens; 접안렌즈라고도 번역)를 거쳐 확대되며 상(image)을 맺게 된다. 현미경을 사용해 확대할 수 있는 최대치가 총 배율(total magnification)이다. 총 배율은 대물렌즈의 배율에 대안렌즈의 배율을 곱하여 얻을 수 있다. 예를 들어 대물렌즈의 배율이 40배이고 대안렌즈의 배율이 10배라면 총 배율은 40 x 10 =400배가 된다. 복합광학현미경으로 얻을 수 있는 최고의 총 배율은 2,000배이다.

아무리 크게 확대된 상일지라도 뚜렷하게 보이지 않으면 관찰이 쉽지 않을 것이다. 확대된 상이 뚜렷한지를 결정하는 것이 분해능(resolving power 또는 resolution)이다. 이것은 렌즈가 얼마나 근접한 두 점(point)을 구별할 수 있는지를 나타내는 것으로, 두 점 사이의 거리로 표시하게 된다. 분해능이 작게 표시될수록 훨씬 더 근접한 두 점을 명확히 구분할 수 있는 분해능이 뛰어난 현미경이다. 예를

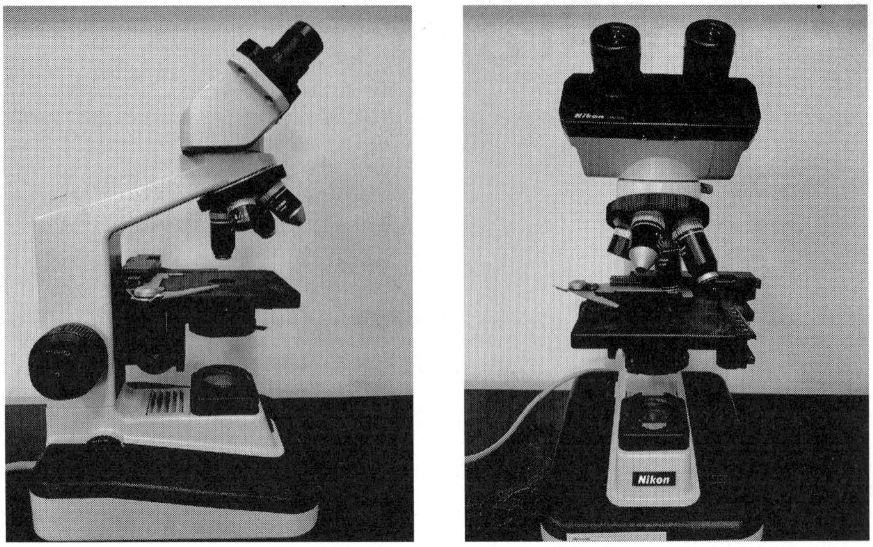

그림 4-1 ≫ 복합광학현미경의 옆면과 정면 사진.

들어, 분해능이 1㎛인 현미경 A와 분해능이 0.5 ㎛인 현미경 B가 있을 때 분해능이 작은 현미경 B가 더 명확한 상을 만들 수 있는 것이다. 분해능은 현미경에 사용하는 빛과 렌즈 고유의 개구수(numerical aperture; NA)에 의해 결정되며 광학적으로 아래와 같은 공식으로 정의된다.

분해능 = 광원의 파장 / 2 × 개구수

개구수는 대물렌즈의 직경과 초점 사이의 함수로 결정되고 현미경에 사용되는 렌즈에는 제조사에서 각 렌즈의 개구수를 표시해 놓았다. 공식에서 알 수 있듯이, 현미경에 사용되는 빛의 파장이 짧을수록 분해능이 더 뛰어나게(분해능 값이 작게) 된다. 광학현미경에 쓰이는 백색 빛은 상대적으로 파장이 길어서 광학현미경의 최소 분해능은 0.2 ㎛이다. 즉 0.2㎛보다 더 가까이 붙어 있는 두 점을 구분할 수 없다는 것이다. 파장이 아주 짧은 전자빔(electron beam)을 광원으로 사용하는 전자현미경은 최소 분해능이 2.5㎚이므로 세포 내부 구조까지도 명확히 관찰할 수 있다.

광학현미경으로 명확한 상을 얻기 위해서는 시료와 광원에서부터 빛이 통과하는 매개체(medium)인 대기 사이에 명확한 대조(contrast)가 필요하다. 미생물 세포는 대부분이 물로 채워져 있어 매개체인 대기와의 굴절률(refractory index) 차이가 크지 않으므로 명확한 상을 얻기 어렵다. 미생물 시료를 염색(staining)하면 굴절률이 변하여, 대기의 굴절률과 차이가 크게 나기 때문에 명확한 상을 얻을 수 있다. 그러므로 광학현미경으로 박테리아 세포를 관찰하려면 일반적으로 염색을 해야 한다.

대부분의 박테리움 세포 표면과 원형질은 약하게 음전하를 띄고 있으므로, 양전하를 가진 염색약(dye)을 처리하면 박테리움 표면에 흡착하여 세포의 윤곽이 드러나게 되어 현미경으로 관찰할 수 있다. 이렇게 한 종류의 염색약을 처리하여 박테리아를 관찰하는 염색법을 단순염색법(simple staining)이라 한다. 이때 사용되는 염색약으로는, methylene blue, crystal violet, safranin 등이 있는데, 양이온을 방출하는 특징이 있으므로 염기성 염색약(basic dye)으로 분류된다. 단순염색으로 박테리움 표면에 흡착한 염색약을 현미경 하에서 더 진하게 보이도록 하거나 염색약이 더 오래 흡착되도록 처리하는 물질을 매염제 또는 착색제(mordant)라 한다. 요오드(iodine)가 대표적인 매염제로 많이 사용된다.

높은 배율의 렌즈를 사용하여 명확한 상을 얻으려면 지름이 작은 대물렌즈를 사용해야 한다. 그러나 작은 대물렌즈를 사용할 경우, 염색된 시료에 도달한 빛이 굴절률 차이에 의해 꺾여 옆으로 나가게 되어 대안렌즈에 도달하지 못하므로 명확한 상을 얻지 못하게 된다. 이를 방지하기 위해 시료와 대물렌즈 사이에 침윤오일(immersion oil)을 떨어뜨려 준다. 침윤오일의 굴절률은 렌즈의 재료인 유리와 같으므로, 대물렌즈에 연결되어 붙은 침윤오일이 시료에 부딪힌 후 꺾여 새어 나가는 빛들을 잡아서 대물렌즈에 보내는 역할을 한다. 결과적으로 침윤오일이 대물렌즈와 연결되어 마치 렌즈 직경이 커지는 것과 같은 효과를 내어 옆으로 손실되는 빛을 줄이고 대물렌즈, 대안렌즈로 통과하게 하여 명확한 상을 볼 수 있게 하여 준다.

우리가 실험실에서 일반적으로 사용하는 현미경은, 광원이 비춰주는 밝은 배경에서 염색된 미생물 시료를 관찰하는 명시야현미경(bright field microscope)이다. 그러나 염색이 되지 않는 미생물 시료를 관찰하기 위해서는 어두운 배경에서 미생물 시료에 꺾여 나온 빛만 대물렌즈로 가게 하여 시료의 그림자를 보아 윤곽을 관찰하는 암시야현미경(dark field microscope)을 사용한다.

광학 기술의 발달로 새로운 개념의 현미경들이 고안 사용되고 있다. 위상차 현미경(phase contrast microscope)은 시료를 통과한 직사 광선(direct ray)과 굴절된 광선(reflected ray)을 모아 상을 형성하므로 생물 시료의 내부 구조까지 볼 수 있다. 미생물 시료를 관찰할 때 염색할 필요가 없으므로 살아있는 상태에서 관찰 가능하며 운동성(motility)이 있는 미생물의 운동을 관찰할 수도 있다. 이를 발전시켜 두 개의 광선 (beam)을 사용하는 차등 간섭차 현미경(differential interference contrast microscopy)이 개발되었는데, 위상차 현미경과 비교해 분해능이 우수하고 천연색의 3차원적인 상을 얻을 수 있다.

한편 광원으로 가시 광선 대신 파장이 짧은 자외선(UV)을 사용하는 형광 현미경(fluorescence microscopy)이 개발되었다. 이 현미경은 시료에 형광 물질(fluorescent substance)을 가하여 붙게 한 다음 자외선 광원을 조사하여 이를 흡수한 형광물질이 발산하는 빛을 모아 상을 형성한다. 항체에 형광물질이 연결된 형광-항체(fluorescent-antibody)를 시료에 가하여 항원-항체 반응으로 형광-항체가 시료에 붙게 한 뒤 형광현미경으로 관찰하는 형광-항체 기법이 많이 사용되며 이를 통해 특정 종류의 미생물 존재 여부를 확인할 수 있다.

형광색소(fluorochrome)를 시료에 가하고 레이저(laser)를 광원으로 사용하는 공초점 현미경(confocal microscopy)은 컴퓨터 형상화 프로그램을 통해 시료의 3차원적 상을 얻을 수 있는 현미경이다.

빛 대신에 전자빔(electron beam)을 사용하여 상을 관찰하게 만들어진 현미경을 전자 현미경(electron microscopy)이라 한다. 전자빔은 가시광선보다 100,000배 더 짧은 파장을 가지므로 이를 사용하는 전자 현미경은 훨씬 높은 분해능을 얻을 수 있다. 우수한 광학 현미경의 분해능이 0.2㎛인데 반해 전자 현미경의 분해능은 2.5nm까지 얻을 수 있으며 시료를 10,000배에서 100,000배까지 확대할 수 있다. 그러므로 전자 현미경은 광학 현미경의 관찰 범위를 벗어나는 아주 작은 미생물을 관찰하는 데 있어 꼭 필요한 기기이다. 박테리오파지를 포함하여 대부분 바이러스는 전자 현미경으로만 상을 얻을 수 있다. 전자 현미경으로 얻어지는 상은 흑백이지만 최근에는 상 형상화 기법을 이용하여 천연색의 상을 얻을 수도 있다.

전자 현미경에서는, 전자총(electron gun)을 사용하여 고압의 전류를 가진 전자빔을 만들어 내며 유리로 된 렌즈 대신 전자기 렌즈(electromagnetic lens)를 써서 전자빔을 초점 맞추어 시료에 보낸다. 전자현미경은 그 운영 방식에 따라 투과 전자 현미경(transmission electron microscope; TEM)과 주사 전자 현미경(scanning electron microscope; SEM)으로 나눠진다.

투과 전자 현미경은, 시료를 통과하면서 시료의 전자 또는 원자와 상호작용한 전자빔을 필름이나 형광판으로 받아 상을 형성하는 원리를 적용한 것이다. 이를 위해 시료는 아주 얇은 단편으로 만들어야 한다. 광학 현미경의 경우 염색약을 사용하여 상을 얻듯이, 투과 전자 현미경에서는 얇은 단편으로 만든 시료를 중금속(heavy metal)으로 코팅하여 상을 얻는다. 전자빔을 시료에 통과시켜 최종적으로 투과 전자 현미경 사진(scanning electron micrography)을 얻게 된다. 투과 전자 현미경 사진은 기본적으로 흑백사진으로 얻게 되지만, 최근에는 이미지 형상화 기술을 사용하여 천연색 사진을 얻을 수 있다. 투과 전자 현미경은 10,000배에서

100,000배까지 확대할 수 있고, 파장이 짧은 전자빔을 사용하므로 이론상 2.5 nm의 분해능을 얻을 수 있다.

주사 전자 현미경은, 전자총이 발생하는 전자빔이 시료의 표면을 스캔(scan)하면서 이때 발생하는 2차 전자(secondary electron)를 모아 형상화하여 상을 얻는다. 이렇게 얻어진 상을 주사 전자 현미경 사진(scanning electron micrography)이라 부른다. 주사 전자 현미경은 온전한 세포의 표면이나 바이러스 입자의 표면 구조 관찰에 많이 사용된다. 1,000배에서 10,000배까지 확대할 수 있고, 이론상 20nm의 분해능을 얻을 수 있다.

05 그람 염색법

대부분 박테리아는 무색이며 물과 비슷한 밀도(density)를 가지므로(세포의 대부분은 물로 이루어져 있음을 상기하시오) 대기와의 굴절률 차이가 크지 않아, 광학현미경 하에서 투명하게 나타나 관찰이 어렵다. 앞 장에서 이야기한 대로, 이러한 박테리아를 관찰하기 위해 여러 종류의 염색시약(dye)을 사용한 염색법(staining)이 발전해 왔다. 염색법은 박테리아가 전체적으로 음 전하(negative charge)를 띄고 있는 점을 이용한 것으로, 양 전하(positive charge)를 띈 염색시약을 처리하여 염색시약이 박테리아 세포에 붙거나 세포 내로 침투하게 하여 대기와의 굴절률 차이를 크게 해 관찰을 쉽게 하는 방법이다. 이러한 염색법을 양화 염색법(positive staining)이라 하며 양전하를 띈 염색시약으로 4장에서 소개한 크리스탈 바이올렛(crystal violet)을 흔히 사용한다. 단순염색으로 박테리움 표면에 흡착한 염색약을 현미경 하에서 더 진하게 보이게 하거나 염색약이 더 오래 흡착되도록 처리하는 물질을 매염제 또는 착색제(mordant)라 부르며 요오드(iodine)가 대표적인 매염제로 많이 사용되어왔다. 한편 음전하를 띈 니그로신(nigrosin), 콩고 레드(congo red) 등의 염색시약을 처리하면 음전하를 띈 박테리아 세포와 전기적으로 서로 밀어내게 되어, 염색시약이 박테리아 세포에 접근하지 못하게 되고 이를 현미경 하에서 관찰하면 배경은 염색되어 나타나며 박테리아 세포만이 투명하게 나타나게 되는데 이를 음화염색법(negative staining)이라 부른다.

이와 같은 단순염색법 이외에, 복잡한 염색 과정을 거쳐 박테리아의 형질을 구별할 수 있는 염색법들이 개발되었고, 이러한 염색법을 차등염색(differential staining)이라 한다. 대표적인 차등염색으로는 그람 염색(Gram staining)과 항산성 염색(acid−fast staining) 등이 있다.

이외에도 특정 박테리아가 가진 독특한 구조물을 보기 위한 염색법으로 특수염색(special staining)이 있다. 박테리아의 피막(capsule), 편모(flagella), 내생포자(endospore) 등을 관찰하기 위한 염색법이 개발되어 사용되어왔다. 이러한 염색법은 특이한 염색약을 사용하며 그 염색 과정이 복잡하므로 숙련된 전문가들이 수행하는 경우가 많다.

그람 염색법(Gram staining)은 미생물 분류 실험에서 지금도 사용되고 있는 가장 기본적인 양화 염색법이다. 1884년에 덴마크의 의사이며 미생물학자인 크리스찬 그람(Christian Gram)에 의해 개발된 염색 방법이다. 그 당시까지 알려진 많은 박테리아는 그람의 염색법으로 염색하여 잘 염색되는 것들(그람 양성균; positive)과 잘 염색되지 않는 것들(그람 음성균; negative)의 두 가지로 구별할 수 있었으므로, 연구자들이 이 방법을 사용하여 박테리아를 두 가지로 분류하여왔다. 지금은 그람 염색으로 양성과 음성을 판단할 수 없는 미생물들도 알려져 있고 왜 두 가지 형태로 염색되는지에 대한 생리 구조학적인 이유가 모두 밝혀졌다.

박테리아 세포는 동물세포와 달리 세포막 바깥으로 세포를 보호할 수 있는 구조물들을 갖고 있다. 일단의 박테리아는 세포막 바깥에 두꺼운 세포벽(cell wall)을 갖고 있다. 이 세포벽은 셀룰로스(cellulose)로 이루어진 식물세포의 세포벽과 그 조성물질과 구조가 다르다. 박테리아의 세포벽은 펩티도글리칸(peptidoglycan) 또는 뮤레인(murein)이라 불리는 이당류 유도체를 단위체(unit)로 하는 중합체(polymer)로 구성되어 있다. 즉 펩티도글리칸 단위체를 벽돌이라 생각하면, 이러한 벽돌을 재료로 하여 연결하고 쌓아 올려 박테리아의 세포를 둘러싸는 세포벽을 만들어 가지는 것이다. 펩티도글리칸은, 두 개의 글루코스 유도체인 N−아세틸 글루코스아민(N−acetylglucosamine; NAG)과 N−아세틸 뮤라믹산(N−acetylmuramic acid; NAM)이 β 1−4 결합으로 연결되어있는 이당류를 단위체로 가진다. 특히 N−아세틸 뮤라믹산에는 5개의 아미노산이 펩티드 결합(peptide bond)으로 연결된 펜타펩티드(pentapeptides)가 붙어 있다. 이러한 펩티도글리칸 단위체가 서로 계속 연결되어 긴 중합체를 형성하는데, 각 단위체가 연결될 때 단위체가 가진 펜타 펩티드의 마지막 아미노산이 가수분해되어 4개의 아미노산으로 이루어진 테트라펩티드(tetrapeptides)가 남게 된다. 형성된 중합체들은 서로 상호 연결(cross−link)되어 삼차원적으로 세포벽을 형성하게 되며, 이러한 상호 연결은 평행 되게 형성된 중합체들 사이에서 단위체의 뮤라믹산에 남은 테트라 펩티드에 나타나는 여분의 아미노기와 카복실기 사이에 새로운 펩티드 결합(peptide bond)이 형성되어 이루어지게 되는 것이다. 중합체들 사이에 상호 연결이 많이 일어날수록 더 단단한 세포벽이 형성되는 것으로 보인다. 그람 양성균들은 세포막 바로 바깥쪽에 대단히 두껍고 단단한 세포벽을 갖고 있다 (그림 5−1).

반면 그람 음성균은 상대적으로 얇은 세포벽을 갖고 있다. 대신 그람 음성균은 얇은 세포벽 바깥에 또 하나의 지질 이중막(lipid bilayer)을 가지는데 이것을 외막(outer membrane)이라 부른다. 외막과 구분하기 위해 그람 음성균의 세포막은 내막(inner membrane) 또는 원형질막(plasma membrane)이라 부른다. 그람 음성균에

그림 5-1 ≫ 그람 양성균의 세포벽 구조 도식도.

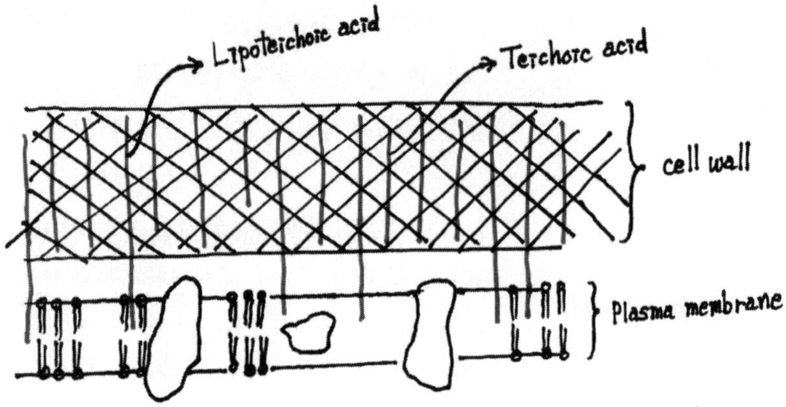

서는 외막과 내막 사이에 공간이 있게 되는데 이 부분을 페리플라즘(periplasm)이라 부르며 세포질과 같은 물질로 채워져 있고 생리 활성을 위해 필요한 많은 단백질이 존재한다. 그러므로 그람 음성균에서는 얇은 펩티도글리칸층이 외막 안쪽에 있는 페리플라즘에 존재하게 된다(그림 5-2). 그람 염색법을 시행하였을 때, 그람 양성균과 음성균으로 서로 다르게 염색되어 구분할 수 있는 것은 이와 같은 세포막 밖 구조 차이에 의한 것이다.

그람 염색법에서는, 우선 양전하를 띈 크리스탈 바이올렛을 사용하여 염색하며(1차 염색약; primary stain) 이 염색약이 세포에 잘 흡착되도록 하는 매염제(또는 착색제; mordant)로 요오드(iodine)를 처리한다. 다음에 탈색제(decolorizing agent)인 알코올(alcohol)을 처리한다. 이때 세포벽이 두꺼운 그람 양성균에서는 크리스

그림 5-2 ≫ 그람 음성균의 세포벽 구조.

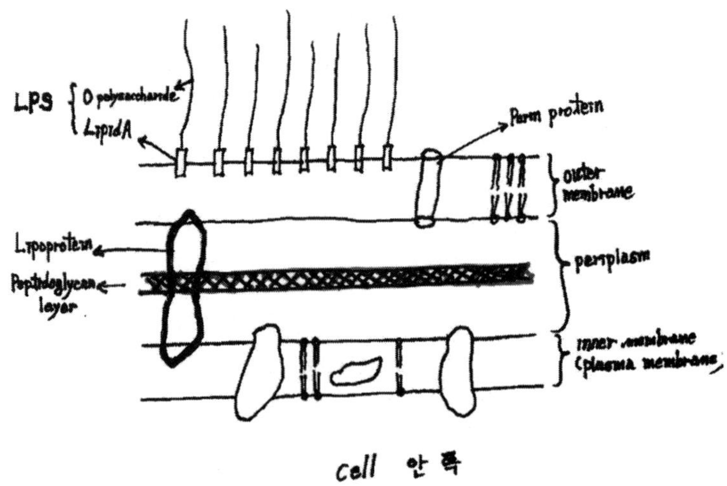

탈 바이올렛과 매염제가 세포벽의 두꺼운 펩티도글리칸층(peptidoglyca layer)에 끼어 들어가 탈색제인 알코올을 처리하여도 빠져나가지 않고 남아 보라색을 보이게 되는 것이다. 한편 세포벽의 펩티도글리칸층이 얇거나 없는 그람 음성균에서는 크리스탈 바이올렛과 매염제가 끼어 들어가지 못하거나 들어간 것도 알코올 처리 때문에 모두 빠져나가므로 염색이 되지 않는다. 알코올은 그람 음성균의 외막을 파괴하여 크리스탈 바이올렛이 쉽게 빠져나가는 것을 돕는 역할도 한다. 염색되지 않은 그람 음성균을 현미경으로 보기 위해 사프라닌(safranin)이란 붉은색의 염색약으로 2차 염색 또는 대조염색(counter stain)하여 관찰하므로 현미경에서 붉은색으로 보이게 되는 것이다. 그람 양성균의 경우 사프라닌 대조염색을 하여도 원래 진한 크리스탈 바이올렛의 보라색 때문에 현미경 하에서 보라색으로 나타나므로 문제가 되지 않는다. 이를 순서대로 정리하면 아래 표와 같다.

표 5-1 ≫ 그람 염색 과정에 따른 색 변화

Gram 염색 과정	Gram (+)	Gram (−)
Primary stain: Crystal violet	purple	purple
Mordant: Iodine	purple	purple
Decolorizing agent: alcohol−aceton	purple	colorless
Counter stain: Safranin	purple	red

그람 염색법으로 그람 양성균과 음성균으로 구분할 수 있었던 것은, 박테리아의 세포막 밖 구조 차이 때문이었다.

06 생균수 측정법

박테리아 배양 실험에서, 접종한 후 밤새 키운 배양액(overnight culture)은 보통 10^8 에서 10^9 cells/㎖의 높은 농도를 가지게 된다. 박테리아 실험에서는 우리가 밤새 키운 박테리아의 농도를 정확히 측정해야 이를 기준으로 다양한 실험들을 수행할 수 있다. 그러므로 배양액의 농도를 측정하는 것이 중요하다.

박테리아의 수를 측정하는 방법 중, 살아있는 박테리아의 수만을 측정하는 방법이 생균수 측정법(viable counting)이다. 이 방법은 박테리아뿐 아니라 일반적인 미생물(효모 등)을 대상으로 하는 실험에서 대표적으로 사용하는 방법이며 가장 정확히 균수를 측정하는 법으로 알려져 있다. 배양액의 일부를 agar 플레이트 위에 도말 하거나(평판계수법), 또는 묽게 만든 agar 용액(soft agar)에 섞어 플레이트 위에 부어(주가평판법) 밤새 배양해 agar 플레이트 위에 나타난 콜로니(colony; 집락 또는 군집) 개수를 측정한다. 측정된 콜로니 개수가 처음 사용한 배양액 안에 들어 있던 생균의 개수가 되는 것이다. 통계학적으로 agar 플레이트 위에 20에서 300개 정도의 콜로니가 나타나는 것을 유의성이 있는 것으로 보기 때문에, 보통 10^8 에서 10^9 cells/㎖의 높은 농도를 가진 밤새 키운 배양액 박테리아의 수를 측정하기 위해서는 희석을 해야 한다.

희석하는 방법에는 전통적으로 2배, 4배, 10배, 50배, 100배, 1,000배 등 여러 방법을 사용할 수 있는데, 실험하는 과정의 편의성을 위해 상황에 따라 각 실험에 맞는 배수를 택하면 된다. 2배 희석의 경우 배양액 1: 희석액 1의 비율로 섞으며, 4배 희석일 경우에는 배양액 1 : 희석액 3의 비율로 섞으면 된다. 만일 100배 희석을 한다면 배양액 1 : 희석액 99의 비율로 섞으면 되는 것이다. 측정하려는 박테리아가 희석 과정 중에도 활성을 가질 수 있는 용액을 희석액으로 사용하면 되는데, 생리식염수(0.9% NaCl 용액)나 LB(Luria-Bertani) 배양액 또는 영양 배양액(Nutrient broth) 등이 많이 쓰인다.

연속 희석은, 높은 농도로 농축된 배양액부터 시작하여 계속적으로 여러 번 희석을 반복하여 최종적으로 마지막 희석의 일부를 도말 하거나 섞어 부었을 때 통계적으로 유의한 콜로니 개수가(20에서 300개) 배양접시에 나타나도록 희석을 반복하는 것을 말한다. 예를 들어 1 x 10^9/㎖의 농도로 추정되는 배양액이 있을 때, 100

배 희석을 3회 반복하면 배양액의 농도가 희석되어 마지막 희석액은 농도가 1 x 10^3/㎖로 된다. 보통 마지막 희석액 중 0.1㎖을 agar 플레이트에 도말 하거나 섞어 부어서 콜로니를 얻게 된다. 이 경우 1 x 10^3/㎖의 농도를 가진 희석액의 0.1㎖을 처리한 것이므로 다음날 100개 정도의 콜로니가 플레이트 위에 나타날 것으로 생각된다. 100 개 정도의 콜로니는 통계적으로 유의한 콜로니 개수 범위에 들어가므로, 100배 희석 3번으로 우리는 원하는 연속 희석을 끝낼 수 있는 것이다. 이때 마지막 희석액 중 보통 0.1㎖ 만을 취하여 플레이팅 하는 것은, 실험실에서 많이 사용하는 직경 90㎜ 플레이트에 통상적으로 0.1㎖의 용액을 도말 하거나 섞어 부으면 비교적 짧은 시간에 플레이트 위에 골고루 펼쳐 놓을 수 있다는 지극히 실제적인 실험 경험에서 얻어진 것이다. 만일 직경 90㎜ 플레이트에 1㎖의 희석액을 도말 하거나 섞어 붓는다면 플레이트 크기에 비교해 용액이 너무 많아 오랜 시간 도말 하더라도 플레이트의 배지에 스며들지 못하게 될 것이다.

박테리아 배양액이나 농축액의 농도를 연속 희석을 통해 생균수 측정법으로 정하는 실험에서 사용하는 단위는 CFU/㎖이다. CFU는 colony forming unit의 앞글자만을 딴 것으로, 배양 후 콜로니를 형성할 수 있는 살아있는 개체를 의미하며 쉽게 말하면 배양액 속에 살아있는 박테리아 개수이다. 농도이므로 통상 1㎖의 부피를 기준으로 하게 된다. 예를 들어, 미지의 농도를 가진 박테리아 농축액을 100배씩 2번, 10배로 1번 연속 희석하고 마지막 희석액에서 0.1㎖을 플레이트 위에 도말하고 밤새 배양한 다음 200개의 콜로니가 측정되었을 때 농축액의 농도는 다음과 같이 계산할 수 있다. 우선 100배로 두 번 희석한 후 10배로 한 번 희석하였으므로 희석배수(전체 희석한 것을 곱한 것)는, 100 x 100 x 10 = 100,000 = 10^5, 즉 10^5이 될 것이다. 이때 잊지 말아야 할 것은 배양액의 박테리아 농도는 1㎖을 기준으로 표시한다는 것이다. 실험적인 편의성 때문에 마지막 희석액에서 1㎖의 10분의 1인 0.1㎖의 희석액만을 플레이트에 도말 하거나 부어 배양하였고, 배양 후 나온 콜로니 개수는 0.1㎖에서 얻어진 것이므로 농도 기준인 1㎖로 환산하면 10배를 곱하여야 한다는 것이다. 만일 마지막 희석액에서 0.05㎖ 만을 취하여 플레이팅 하였다면, 1㎖ 기준의 20분의 1을 사용하였으므로 20배를 희석배수에 곱하여야 한다는 것이다. 제시한 예에서 총 희석배수는 10^5 x 10 = 10^6이 되고 배양 후 200개의 콜로니를 얻으므로, 200 x 10^6 = 2 x 10^8을 얻게 되어 최종적인 희석액의 농도는 2 x 10^8CFU/㎖ 이 된다. 그러므로 최종적인 배양액의 농도를 계산하는 식은 아래와 같이 표시할 수 있다.

배양액 농도 = 총 희석배수 × 콜로니 개수

07 박테리아 생장곡선; OD 측정과 생균수 측정

박테리아의 생장(growth)은 박테리움(박테리아의 단수형으로 박테리아 세포 하나를 지칭) 세포가 커지는 것(enlargement)을 의미하는 것이 아니라 하나의 박테리움 세포가 이분법(binary fission)을 거쳐 두 개의 딸세포(daughter cell)로 증식하는 것이다. 분열한 박테리움 세포는 어느 크기까지 커지면 곧 이분법으로 분열하여 두 개가 되므로, N 개의 박테리아가 존재하는 집단 전체를 가정하면, 1회 분열 후 2N 개가 되고, 2회 분열 후 2 x 2N 개가 되므로 결국 a회 분열 후에는 2^a x N 개로 기하급수적으로 늘어나게 된다. 물론 이러한 일은 박테리아가 생장하기 적당한 환경과 영양물질이 제대로 공급될 경우 일어나게 된다. 박테리아가 잘 생장하도록 환경과 영양물질을 공급하고 키우는 일을 배양(cultivation)이라 한다. 연구를 위해 또는 산업적으로 유용한 박테리아 또는 박테리아의 생성물을 얻기 위해 배양을 하고 있으며, 배양은 미생물학의 기본적이고 중요한 기술 중 하나이다.

순수 분리한 박테리아를 배양하는 방법은 크게 두 가지 방법으로 나눌 수 있다. 회분 배양(batch culture)과 연속 배양(continuous culture)이 그것이다.

회분 배양 또는 불연속 배양은 일반적으로 실험실에서 많이 사용하는 배양 방법이다. 즉 일정한 용기(vessel; 플라스크 또는 튜브 등)에 배양을 위한 배지를 만들어 넣고 멸균한 후, 배양하려는 박테리아를 접종하고 알맞은 온도에서 배양하는 것이다. 새로운 배지를 첨가하지 않고 노폐물(waste products)을 제거하지 않으므로 용기 안은 닫힌 시스템(계)이 되어 박테리아가 증식하여 번성하다가 시스템이 한계에 도달하면 사멸하게 될 것이다.

연속 배양은 특수하게 제작된 용기에 배양을 위한 배지를 넣어주고 박테리아를 접종하여 알맞은 온도에서 배양을 시작한다. 박테리아의 증식에 따라 배지의 영양물질이 사용되기 시작하면 용기에 부착된 장치로 그것을 모니터하여 필요한 영양물질을 새로이 공급해 주며, 박테리아의 생장 증식으로 발생하는 노폐물도 제거하여 주어 이상적으로는 배양하는 용기 내의 환경조건을 항상 일정하게 유지하며 배양하는 방법이다. 연속 배양이 궤도에 올라 용기 내에 일정한 환경이 유지되면 그 안에 배양 중인 박테리아 수는 항상 일정하게 유지될 수 있다. 이러한 조건에서 배양 중인 박테리아의 다양한 생리적인 현상 연구를 수행하려는 것이 연속 배양법의 목적이다.

회분 배양(batch culture)은 용기 내에서 박테리아의 생장 증식이 일어나 번성하다가 필연적으로 사멸하게 된다. 미생물학자들은 이를 체계적으로 연구하여 회분 배양에서의 박테리아 생장곡선(bacterial growth curve)이라는 개념으로 정리하였다. 어떤 종류의 박테리아를 배양하던, 회분 배양 방식에서는 비슷한 패턴의 생장곡선을 얻을 수 있다. 회분 배양에서 박테리아의 생장곡선은 다음과 같은 패턴을 보인다. 용기에 접종하여 배양을 시작하면, 처음에는 접종된 박테리아가 새로운 용기의 환경에 적응하며 천천히 자라는데 이시기를 적응기(lag phase 또는 유동기)라 부른다. 비교적 짧은 적응기를 거친 후 박테리아가 급속히 증식하기 시작하는데 이 시기를 지수생장기 또는 대수기(exponential growth phase or logarithmic phase)라 부른다. 이때 박테리아의 분열 속도가 최대가 되며 거의 기하급수적으로 박테리아의 수가 늘어나게 된다. 박테리아가 증식함에 따라 용기 안의 배지(영양물질)는 점차 고갈되며 노폐물이 늘어가므로 점차 박테리아의 증식이 느려져서 사멸하는 박테리아가 늘어나게 된다. 새로 증식한 박테리아 수와 사멸하는 박테리아 수가 거의 같은 시기가 당분간 계속되는데, 이 시기를 정체기 또는 정지기(stationary phase)라 한다. 정체기가 지나면서 점점 사멸하는 미생물의 수가 많아지므로, 전체 박테리아의 수가 줄어들게 되는데 이 시기를 사멸기(death phase)라고 한다. 이렇게 한 용기 안에서 일어나는 일련의 박테리아의 생장 과정을 표시하려고, X 축은 시간으로 잡고 Y 축은 그 시점에서 박테리아 수를 측정하여 각 점을 연결한 곡선을 그려보면 아래와 같은 다양한 그래프들을 얻게 된다. 이것을 회분 생장에서의 여러 종류의 생장곡선이라 부른다.

박테리아의 수를 측정하는 방법으로 대표적인 것이 생균수 측정법(viable counting)이다. 이것은 직접적인 방법으로 살아있는 박테리움 세포가 배양 중 계속 증식하여 반고체 배지인 한천배지 상에서 군집(colony)을 이루는 현상을 이용한 방법이다. 즉 배양 후 한천배지 위에 나타난 군집을 세면 그것이 시료에 처음 존재하던 박테리아 세포 수를 의미하는 것이다. 가장 정확한 측정 방법이지만 시간과 노동력이 많이 필요한 과정을 거쳐야 한다. 간접적인 방법으로 박테리아의 증식을 측정 평가하는 방법으로 실험실에서 가장 많이 쓰이는 것이 흡광도 측정법(optical density measurement; OD measurement)이다. 박테리아 배양액이 담긴 유리 튜브에 광선을 투과시키면 배양액에 존재하는 박테리아 세포들에 빛이 일부 흡수되어, 처음 쬐어 준 빛보다 적은 양의 빛이 통과되어 나올 것이다. 이때 배양액 속에 세포 수가 많을수록 흡수되는 빛이 많아져, 결국 빛의 흡수 되는 정도를 측정하면 배

그림 7-1 ≫ OD 값을 기반으로 한 생장곡선.

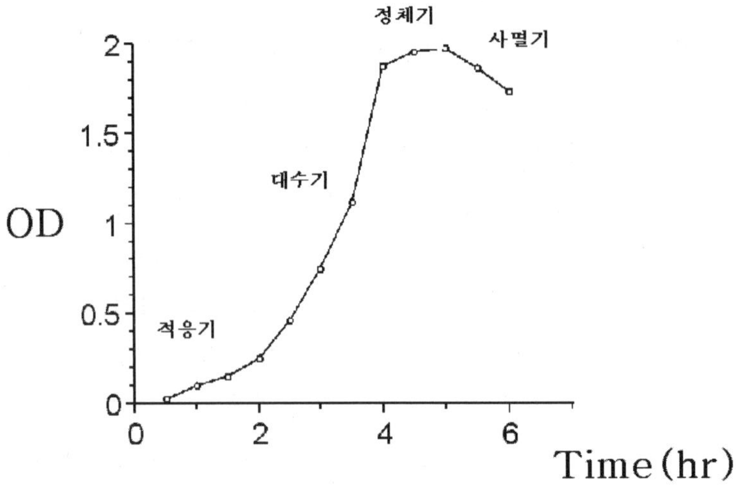

양액 속의 세포 수를 추정할 수 있게 될 것이다. 이러한 원리에서 배양액에 흡수되는 빛의 양을 측정하여 간접적으로 배양액 속 세포 수를 추정하는 방법이다. 물론 배양액의 흡광도가 달라짐에 따라 실제 배양액 속에 있는 세포의 수를 생균수 측정법과 같은 직접적인 방법으로 측정하여 둘 사이의 변환을 쉽게 해줄 표준 곡선(standard curve)을 만들어 놓아야 한다. 위 그래프는 배양 시작 후 30분마다 시료를 취하여 흡광도를 측정하는 간접적인 방법으로 박테리아의 생장을 측정하고 이를 시간에 대해 표시한 생장 곡선이다 (그림 7-1).

30분마다 취한 시료를 생균수 측정법을 통해 처리하여 얻은 값을 Y 축으로 삼고 시간을 X 축으로 하여 생장곡선을 얻으면 아래와 같다(그림 7-2).

그림 7-2 그래프에서, Y 축의 생균 수 값에 상용로그(log)를 취하여 다시 그리면 아래와 같은 생장 곡선을 얻게 된다 (그림 7-3).

그림 7-2 ≫ 생균 수를 기반으로 한 생장곡선.

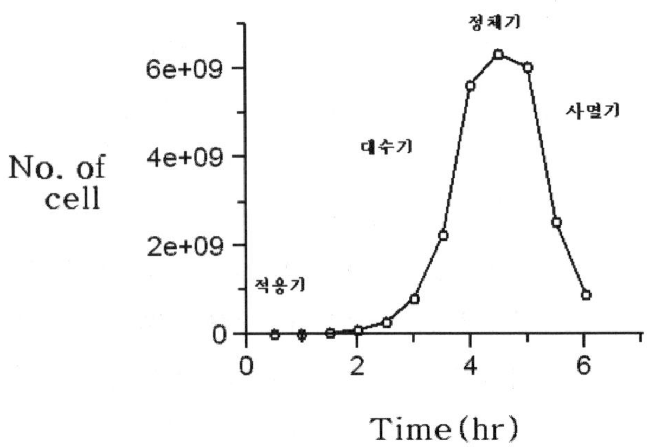

그림 7-3 ≫ log(생균수)를 기반으로 한 생장곡선.

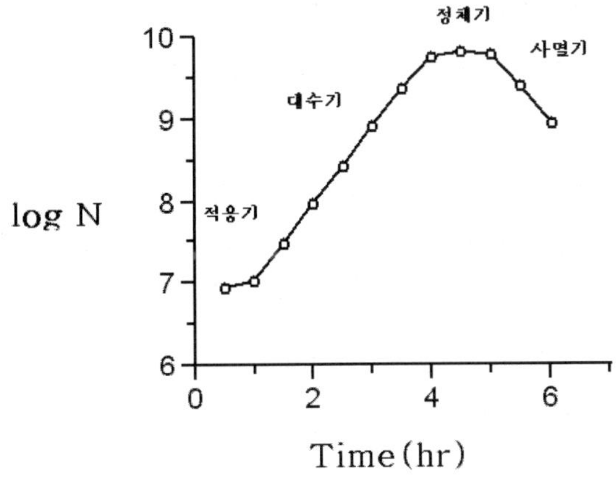

많은 박테리아 종들은 회분 배양에서 위 그래프와 같은 생장 패턴을 보인다.

미생물 종에 따라서 또는 같은 종이라도 배양조건이 달라짐에 따라 그 패턴은 유사하나, 특히 대수기에서 기울기의 차이가 나타나게 된다. 기울기가 클수록(경사가 급할수록) 더 빨리 분열하여 생장이 활발히 일어나는 것을 뜻한다. 미생물학자들은 생장 곡선의 대수기에 나타나는 직선의 기울기를 생장률 상수(growth rate constant)라 부르며 알파벳 k로 표시하였다. 대수기의 직선 부분은 $y = kx$ 의 1차 함수로 표시될 수 있다. 한편 미생물학자들은 하나의 박테리움 세포가 한 번 분열하여 두 개의 딸세포가 되는데 걸리는 시간을 상정하여 세대 시간(generation time)이라 명명하였는데, 이것이 짧을수록 더 활발히 분열하여 생장하는 것이 된다. 세대 시간은 알파벳 g 또는 그리스 문자 μ로 표시하였다. 세대 시간은 하나의 세포가 1회 분열하여 2개의 딸 세포가 되는데 걸리는 시간이므로, 수많은 박테리아 세포가 있는 미생물 배양액에서 집단 생물학적으로 생각하면 결국 세대 시간이 지나면 배양액 속의 전체 세포가 모두 1회 분열하여 전체 세포 수가 2배로 늘어나는 것이 되는 것이다. 그러므로 logN을 Y축으로 하고 시간을 X축으로 하는 생장 곡선 그래프의 활발히 분열하는 대수기 직선 부분에서 전체 세포 수가 2배로 되는데 걸리는 시간을 구하면 그것이 바로 세대 시간이 된다. 예를 들어, 시간 t_0에 세포 수가 N_0개인 배양액이 시간 t까지 1회 세포 분열하였다면 그때 전체 세포 수는 $N_t = N_0 \cdot 2^n$으로 표시되며, $n = 1$을 대입하면 $N_t = 2N_0$가 된다. 이 상황을 $\Delta y = k \cdot \Delta x$ 형태의 직선 식에 대입하여 아래와 같이 k와 g 사이의 관계에서 g 값을 구할 수 있다. 세포 수의 증가분 $\Delta y = \log N_t - \log N_0$ 이며 시간의 증가분 $\Delta x = t - t_0$이므로 이를 대입하면 아래와 같이 표현된다.

$$\Delta y = k \cdot \Delta x$$

$$\log N_t - \log N_0 = k \cdot (t - t_0)$$

세포 수가 2배 되는데 걸린 시간 $(t - t_0)$가 결국 세대시간 g이므로,
$\log N_t - \log N_0 = k \cdot g$ 로 되고, $N_t = 2N_0$이므로 이를 대입하여,

$$\log 2N_0 - \log N_0 = k \cdot g$$

$$\log(2N_0/N_0) = k \cdot g$$

$$\log 2 = k \cdot g$$

$\therefore$ g= log2/k = 0.301/k가 된다.

생장률 상수, k는 생장 곡선 그래프의 대수기 직선 부분에서 계산할 수 있고 이를 대입하면 여러분이 실험한 특정 미생물의 특정 배양 조건에서의 세대 시간을 얻을 수 있게 된다.

한편 배양액이 특정 시간 동안 몇 회나 세포 분열 하였는지도 생장 곡선 그래프에서 알아볼 수 있다. 예를 들어, 시간 t_0에 세포 수가 N_0개인 배양액이 시간 t까지 n회 세포 분열 하였다면 그때 전체 세포의 수 $N_t = N_0 \cdot 2^n$으로 표시될 수 있을 것이다. 이 식의 양변에 상용로그를 취하면, $\log N_t = \log N_0 + n \log 2$ 가 된다. 이 식에서 세포 분열 회수 n을 구하면 아래와 같다.

$$n \log 2 = \log N_t - \log N_0$$

$$n = (\log N_t - \log N_0)/\log 2$$

$$n = (\log N_t - \log N_0)/0.301 = 1/0.301(\log N_t - \log N_0) = 3.3(\log N_t - \log N_0)$$

회분 배양 실험을 통해 logN 을 Y축으로 하고 시간을 X축으로 하는 생장 곡선을 얻은 다음, $\log N_t$ 와 $\log N_0$ 값을 위 식에 대입하면 $t-t_0$ 시간 사이의 분열 회수를 구할 수 있는 것이다.

실험을 통해 회분 배양 방법으로 미생물을 배양하면서 시간별로 세균 수를 측정하여 위와 같은 생장 곡선을 직접 얻을 수 있다. 세균 수 측정은 두 가지 방법으로 할 수 있다.

첫 번째 방법은, 간접적인 측정 방법 중 하나인 흡광도 측정법 (Optical density measurement;OD)이다. 액체배지에 특정 파장(박테리아의 경우 600㎚ 전후를 사

용하나 보통 595㎚의 파장을 사용)의 빛을 쬐어 주면 배양액 속에 있는 박테리움 세포들에 빛이 흡수되어 튜브를 통과하는 빛이 줄어들게 된다. 이러한 현상을 통해 박테리아의 농도와 흡수된 빛(흡광도; absorbance) 사이의 비례 관계가 정립된다. 즉 흡수된 빛의 양을 알면 튜브 안에 있는 박테리아의 농도를 추정할 수 있게 되는 것이다. 물론 이를 위해 특정 시간마다 박테리아가 자라고 있는 튜브의 흡광도를 측정하고, 이 중 소량의 배양액을 취하고 연속 희석을 거쳐 생균수 측정(viable counting)을 하여 각 시간의 측정된 흡광도와 생균 수 사이의 표준 곡선(standard curve)을 구하여야 한다.

배양 튜브의 흡광도 측정을 위해 박테리아 배양용으로 특별히 고안된 흡광도 측정기 (spectrophotometer)인 Spectronic 20D+™ 가 사용된다. 이 기기는 미생물을 배양하면서 직접 배양액의 흡광도를 측정할 수 있는 큐벳(cuvette)을 고안하여 사용하는 흡광도 측정 장치이다. 흡광도를 측정하기 위해 생장 중인 박테리아 배양액의 일부를 뽑아내는 일 없이 배양 용기 자체를 측정기에 넣어 흡광도를 측정하므로 전체 배양액의 부피가 줄어듦 없이 계속 흡광도 측정이 가능하다는 장점이 있다. 특정 시간에 흡광도 측정을 하자마자, 직접 배양액에서 극소량(10㎕)을 취하여 연속 희석하고 플레이팅 하여 표준 곡선과 생장 곡선 작성을 위한 생균수 측정을 병행할 수 있다.

두 번째 방법은 생균수 측정법이다. 흡광도 측정법은 살아있는 박테리아와 죽은 박테리아가 모두 측정되는 방법이고 간접적인 방법이다. 반면에 생균수 측정법은 콜로니를 형성할 수 있는 살아있는 박테리아만 측정되기 때문에 보다 정확한 직접 측정법이다. 표준 곡선을 얻기 위한 생균수 측정에서는, 특정 시간에 흡광도 측정을 하자마자 직접 배양액에서 극소량(보통 10㎕ 이하)을 취하여 연속 희석하고 플레이팅 하여 표준 곡선과 생장 곡선 작성을 위한 생균수 측정을 병행한다.

생균수 측정법은 많은 시간과 노력이 필요한 방법이기 때문에, 미생물 배양을 하면서 매번 생균수 측정을 수행하는 것은 현실적으로 어렵다. 많은 실험실이나 산업 현장에서는 흡광도 측정과 생균수 측정을 병행하여 정확한 표준 곡선을 구한 다음, 흡광도 측정만을 하여 OD 값을 얻은 후 그것을 표준 곡선에 대입해 얻어진 생균수를 데이터로 사용하는 경우가 많다. 이때 주의할 점은, 배양조건과 배양액이 달라지면 그때마다 새로운 표준 곡선을 구해야 한다는 것이다.

08 미생물의 생장 요인

순수 분리한 박테리아를 실험실에서 잘 배양하려면, 그 박테리아가 잘 자랄 수 있는 적절한 물리적 화학적 조건을 맞춰 주어야 한다. 박테리아는 종에 따라 다양한 대사과정을 수행할 수 있으므로, 각 박테리아는 고유의 선호하는 최적 생장 조건(optimum growth condition)을 갖고 있다. 이러한 조건 중 중요한 것으로 통기(aeration), 온도(temperature), 산성도(acidity) 등이 있다.

우선 통기에 대해 알아보기 위해, 박테리아를 포함한 지구상 생명체가 에너지를 얻고 살아가는 방법인 대사과정(metabolism)을 간단히 정리하여 본다. 박테리아가 살아가기 위한 대사과정은 호흡(respiration)과 발효(fermentation)로 크게 나눌 수 있다. 이 중 호흡은 최종전자수용체(final electron acceptor)로 무엇을 사용하느냐에 따라 유산소 호흡(aerobic respiration)과 무산소 호흡(anaerobic respiration)으로 나누어진다. 유산소 호흡은 산소(O_2, oxygen)를 최종전자수용체로 사용하는 대사과정이며, 무산소 호흡은 산소 이외의 다른 무기물(inorganic molecule)을 최종전자수용체로 사용하는 것이다. 이러한 무기물로는 산화가 많이 되어 있는 질소산화물인 NO_2^-(nitrite; 아질산기), NO_3^-(nitrate; 질산기), S^0(elemental sulfur; 원소 상태의 황), 황산화물인 SO_4^{2-}(sulfate; 황산기), 일산화탄소(CO), 이산화탄소(CO_2) 등 산화되어있는 모든 무기물이 이론적으로 사용 가능하며, 현재까지 알려진 많은 박테리아가 여러 다양한 무기물들을 최종전자수용체로 사용하고 있다. 발효는 최종전자수용체로 유기물(organic molecule)을 사용하는 생리작용이다. 발효를 수행하면, 사용한 최종전자수용체인 유기물 보다 환원된 형태의 유기물이 부산물로 생성되는데 이를 발효산물(fertmentation product)이라 부른다. 효모에 의한 발효에서 생성되는 에탄올(ethanol), 유산균(lactic acid bacteria)에 의한 발효에서 생성되는 유산(lactic acid) 등이 그 대표적인 예이다. 발효의 이름은, 발효 과정 후 생성되는 최종산물의 이름을 따라 부르는 경우가 일반적이다. 에탄올이 부산물로 생성되면 에탄올발효, 유산이 생성되면 유산발효, 프로피온산(propionic acid)이 생성되면 프로피온산발효로 부르는 것들을 그 예로 들 수 있다. 많은 박테리아가 다양한 유기물을 최종전자수용체로 사용하여 발효를 수행하면서 살아가는데 필요한 에너지를 얻고, 부산물로 다양한 형태의 최종산물을 생성하는데 이 중에는 산업적으로 유용하게 쓰이는 물질들이 많이 있다. 자연계에 존재하는 박테리아를 포함한 미생물들의 무산소 호흡 과정과 발효 과정은 현재까지도 그 일부만이 알려진 상태이므로, 미지의 미생물 대사과정을 연구하면 산업적으로 유용한 물질을 얻을 가능성이 아직도 무궁무진하다 할 수 있다.

사람은 기본적으로 유산소 호흡을 하므로(일부 근육세포의 경우, 짧은 시간에 많은 에너지가 필요하면 부가적으로 젖산발효를 수행하기도 하지만) 산소가 없는 상태(anoxygenic state)에서는 대사과정을 수행하지 못하여 죽게 된다. 그러나 박테리아를 포함한 많은 생물은 산소가 있으면(oxygenic state) 유산소 호흡을 수행하고 산소가 고갈되면 무산소 호흡이나 발효를 통해 생존할 수 있는 종들이 많다. 일부 미생물들은 산소의 독성을 제거할 수 없기 때문에, 산소가 없는 환경에서 무산소 호흡이나 발효를 통해서만 생존할 수 있다. 반면에 사람과 같이 오직 유산소 호흡만을 하여 생존할 수 있는 미생물들도 있다.

산소는 반응성이 뛰어나 다른 물질과 활발히 화학반응을 한다. 이러한 반응성은 세포 내 여러 구조물질의 파괴를 일으키기도 하여 결과적으로 세포 손상과 사멸이 일어날 수 있다. 산소가 존재하는 환경에서 살아가는 생명체는 산소의 독성을 중화할 수 있는 구조나 기작을 갖고 있어야 한다. 많은 생명체가 산소로부터 발생하는 독성물질을 중화시킬 수 있는 효소를 갖고 있다. Superoxide dismutase(SOD; 초과산화물불균등화효소)와 catalase(과산화수소분해효소)가 대표적인 산소 독성 중화 효소이다.

생물체는 산소에 대한 생존 반응 양상에 따라 크게 네 가지로 분류할 수 있다.

첫째, 생존과 대사를 위해 반드시 산소가 필요한 생물들로 이를 절대 호기성 생물(obligate aerobe)이라 한다. 산소의 독성을 중화할 수 있는 효소들인 SOD와 catalase를 모두 갖고 있으므로 산소 존재 하에도 생존 가능하며, 산소를 대사과정 중 최종전자수용체로 사용하여 오직 유산소 호흡을 통해 대사하며 살아간다.

둘째, 산소가 있거나 없거나 생존하고 대사할 수 있는 생물들로 이를 통성 혐기성생물(facultative anaerobe)이라 한다.

수십억 년 전 생물이 처음 생겨나던 원시지구의 대기에는 산소가 존재하지 않았기 때문에, 생물체도 대사과정 중 산소를 최종전자수용체로 사용하는 유산소 호흡은 수행할 수 없었을 것이다. 도리어 산소는 활발한 반응성으로 인해 생물체의 생존에 해독을 끼치는 물질이었을 것이다. 부산물로 산소를 발생하는 광합성 기작(oxygenic photosynthesis)을 갖게 된 시아노박테리아(cyanobacteria)가 진화를 통해 나타나면서 대기 중 산소 농도가 점차 증가하기 시작하였을 것이다. 이에 따라 독성 물질인 산소 때문에 많은 생물체가 사멸하는 중, 일부 생물체는 산소의 독성을 중화할 수 있는 기작을 변이를 통해 갖게 되어 산소가 존재하는 대기 속에서 살 수 있게 되었다고 생각된다. 산소 독성 중화 기작을 갖게 된 생물체의 후손이 지금의 유산소 호흡 생물체이며, 반면에 산소 독성 중화 기작을 획득하지 못한 생물체는 생존을 위해 산소가 없거나 희박한 환경으로 서식지를 옮기게 되었을 것이다.

셋째, 대기 중 산소 농도에서 죽지 않고 견딜 수 있으나 산소를 대사과정에서 사용하지 못하는 생물들로 산소내성 혐기성생물(aerotolerant anaerobe)이라 한다. 산소의 독성을 중화할 수 있는 효소 중 SOD만 갖고 있고 catalase를 갖고 있지 않아 대기 중 산소 존재 하에서 생존은 가능하나, 산소를 최종전자수용체로 사용하는 호흡을 수행할 수 없고 발효를 통해 살아가는 에너지를 얻는다. 유산균(lactic acid bacteria) 종류가 대표적이다.

넷째, 산소 독성 중화 기작을 갖지 못해 대기 중 산소 농도에서 사멸하기 때문에 산소가 없는 환경으로 서식지를 옮긴 생물들로 절대 혐기성 또는 완전 혐기성생물(obligate anaerobe)이라 한다. 산소의 독성을 중화하는 효소인 SOD와 catalase를 모두 갖고 있지 않으며, 발효나 무산소 호흡을 통해 살아간다. 토양 깊은 곳에 서식하는 Genus *Clostridium*이 대표적이다.

지구상의 생물들은 어떠한 생리작용을 수행하더라도 유산소 호흡이 가장 에너지를 얻는 수율이 높으므로, 여러 생리작용을 수행할 수 있는 미생물의 경우 산소 존재 하에서 유산소 호흡을 할 때 가장 잘 자랄 수 있다. 대표적인 예로 유산소 호흡, 무산소 호흡, 발효가 모두 가능한 *E. coli*를 들 수 있는데, 유산소 호흡을 수행할 수 있는 조건에서 가장 잘 자란다. 이와 같이 유산소 호흡이 원활히 일어나도록 산소를 함유한 공기를 배양과정에 공급하는 일을 통기라 부른다. 보통 실험실에서 많이 사용하는 통기 방법은 cotton plug를 끼운 튜브나 플라스크를 진탕 배양기(shaking incubator or shaker)에서 배양하는 것이다. 진탕 과정 중 용기 내의 공기가 활발하게 배양액에 녹게 되며 외부 공기가 cotton plug를 통과하며 멸균되어 계속 공급될 수 있다. 반면에 산소의 투입을 최소화하려면 용기를 그대로 배양기에 세워 놓은 채로 키우면 되는데 이러한 방법을 정치 배양(standing incubation)이라 부른다.

미생물 생장 조건 중 중요한 하나는 배양 온도이다. 미생물이 가장 잘 증식하는 온도를 최적 온도(optimum temp.)라 하며 종(species)에 따라 최적 온도는 달라진다. 그 미생물이 생존할 수 있는 가장 높은 온도가 최대 온도(maximum temp.)이고, 생존할 수 있는 가장 낮은 온도가 최저 온도(minimum temp.)인데 이 두 온도

근처에서는 미생물의 증식이 거의 일어나지 않고 오직 생존만 유지할 것이다. 최적 온도로 37℃ 전후 (25℃에서 40℃ 범위; 학자에 따라 범위는 조금씩 달리 정의함)를 가지는 미생물들을 중온균(mesophile)이라 하고 5℃에서 25℃ 사이에 최적 온도를 가지는 미생물들을 저온균(psychrophile)이라 한다. 40℃에서 60℃ 사이에서 최적 온도를 가지는 미생물들을 고온균(thermophile)이라 하며 이 보다 더 높은 온도를 최적 온도로 가지는 미생물들은 초고온균(hyperthermophile)이라 부른다.

또 다른 생장 조건은 환경이나 배양액의 산성도이며, 온도와 마찬가지로 각 미생물 종은 가장 증식이 활발히 일어나는 고유의 최적 pH (optimum pH)를 가진다. 역시 생존이 가능한 최대 pH (maximum pH)와 최저 pH (minimum pH)를 가지는데 이러한 환경에서는 증식은 거의 일어나지 않을 것이다. 중성 범위에서 최적 pH를 가지는 미생물들을 중성균(neutrophile)이라 하며 산성에서 잘 증식하는 것들을 호산성균(acidophile), 알칼리성에서 잘 증식하는 것을 호알칼리성균(alkalophile)이라 부른다.

09 미생물 생장 조절

미생물의 구조, 대사과정, 생장에 대한 지식이 축적되면서, 이를 이용해 우리에게 해로운 병원균 등을 제거하거나 그 생장을 억제하는 방법에 대한 연구를 수행하였다. 이것을 미생물의 생장 조절(growth control)이라 부르며, 이에 필요한 것들을 조절 수단(control agent)이라 한다. 조절 수단은 크게 물리적인 것과 화학적인 것으로 나눌 수 있다.

물리적인 조절 수단으로는 열(heat), 여과(filtration), 저온(low temperature), 고압(high pressure), 건조(desiccation), 삼투압(osmotic pressure), 그리고 방사선 조사(radiation) 등이 있다. 이 중 가장 대표적인 것이, 이미 우리가 실험실에서 멸균 목적으로 많이 사용하는 고압 멸균법으로 이는 열과 고압을 함께 이용하는 것이다. 저온을 이용한 예로는, 식품을 냉동하거나 냉장하는 것을 들 수 있으며 이는 식품에 있는 부패 미생물들의 생장을 늦추거나 억제하여 저장 기간을 늘리는 것이다. 일부 식품 등은 건조 시키거나 소금에 절여 미생물의 생장을 억제하기도 하는데, 이는 건조와 삼투압을 이용한 조절 방법이다. 혈액이나 일부 항생제와 같이 고온 고압 멸균을 하면 성분이 파괴되는 물질들에 존재하는 미생물들을 제거하기 위해서는, 미생물들의 크기보다 작은 망으로 구성된 특수한 필터(filter)를 만들어 붙어 있는 미생물들은 통과하지 못하게 하고 우리가 원하는 물질만 걸러서 멸균을 수행하는 여과 방법을 쓰고 있다. 방사선 조사는 높은 에너지를 가진 방사선을 미생물에 오염된 물질에 직접 쬐어 주어, 방사선의 작용으로 미생물을 사멸시켜 멸균하는 방법이다. 방사선의 높은 에너지가 미생물을 이루는 단백질이나 핵산에 순간적으로 작용하여 생화학적으로 변성(denaturation)시키므로 미생물이 죽게 되는 것이 기본 작용 기작으로 알려져 있다.

화학적인 방법으로는, 미생물의 생장을 멈추거나 사멸시키는 여러 종류의 화학물질(chemicals)을 사용하는 것이다. 이에는 항생제, 소독제(disinfectant) 등이 있다. 대표적으로 우리가 가장 많이 사용하는 소독제로는 알코올을 들 수 있다. 보통 70% 수용액을 가장 많이 사용하나, 그 이상의 농도를 가진 알코올도 95%까지는 그 효능이 같다. 일반적으로 60%에서 95%까지의 알코올은 모두 같은 미생물 생장 억제를 보인다. 요오드(iodine)나 염소(chlorine)계 화합물 등은 일상생활에서 소독제로 많이 사용하고 있다. 항생제는 한 종류의 미생물이 생성하는 물질로 다른 미생물의 생장을 억제하는 것이라고 정의되어 있으므로, 미생물의 생장을 멈추게 하거나 사멸시킬 목적으로 사용할 수 있으나 그 가격이 비싸므로 일반 소독 등의 목적에는 사용하지 않는다. 일부 고가의 식품(일부 수제 치즈)에는 부패를 지연시킬 목적의 식품보존제(food preservative)로 니신(nisin)과 같은 항생제를 첨가하기도 한다.

10 생화학적 검정에 대한 일반적인 개요

지구상의 생물들은 유기물을 분해하며 살아가는데 필요한 에너지를 얻기 위해, 대표적인 3가지 이화작용(catabolism)인 유산소 호흡(aerobic respiration), 무산소 호흡(anaerobic respiration), 발효(fermentation)를 수행하며 살아간다. 사람과 포유동물들은 산소를 최종전자수용체로 사용하는 유산소호흡 1가지만을 할 수 있지만, 박테리아는 종에 따라 이 중 1가지 방법의 대사를 수행하기도 하고 2가지 또는 3가지 모두를 수행할 수 있는 종들도 알려져 있다. 예를 들자면 *E. coli*의 경우, 산소가 존재할 때는 가장 효율이 뛰어난 유산소 호흡을 수행하고, 산소가 없는 환경에서 살아갈 때는 질산 등과 같은 다른 무기물을 최종전자 수용체로 사용하는 무산소 호흡을 수행하며 이러한 최종전자 수용체도 없을 때 발효를 통해 살아갈 수 있다.

박테리아는 지구상의 다양한 환경에 적응하며 진화해 왔기 때문에 대사과정이 복잡하며, 종에 따라 독특한 대사과정을 가진 경우도 많다. 이렇게 다양하고 독특한 박테리아의 대사과정을 이용해 박테리아의 종(species)을 동정(identification)하고자 하는 생각이 지금으로부터 150여 년 전 초기 미생물학 발전 과정에서부터 있었다. 많은 미생물 연구자들이 특정 박테리아의 고유한 대사과정에서 나타나는 특정 대사산물이나 기체 등을 생화학적 방법으로 손쉽게 확인할 수 있도록 배지를 조성하거나 변색 반응을 고안해 내었는데, 이러한 것을 생화학적 검정(biochemical test)이라 부른다. 다른 대사과정을 수행하려면 각기 다른 종들이 서로 다른 효소(enzyme)를 생성하여야 하므로, 그 효소나 효소 촉매 반응의 생화학적 생리학적 작용의 차이를 이용하여 여러 종을 구별하는 것이다. 특히 발효 검정(fermentation test)에서는 같은 기질을 발효하는 종마다 각기 다른 발효 산물들을 생성하므로, 생성된 발효 산물들의 생화학적 성질을 이용하여 검정한다. 발효 산물에 의한 pH 변화도 중요한 검정 요인 중 하나이다.

생화학적 검정을 위해 고안된 특정 배지에는 선별 배지(selective media)와 감별 배지(differential media) 등이 있다. 선별 배지는 원하는 종의 박테리아만 자라고 다른 종은 자라지 못하도록 고안된 배지이다. 장티푸스의 원인균인 *Salmonella typhi* 만 자라도록 고안된 Bismuth sulfite agar 등이 그 예이다. 감별배지는 같은 배지 위에서 각기 다른 종들이 독특한 방법으로 대사하며 자랄 때, 각종의 대사과정에 따라 콜로니의 색이나 모양이 다르게 나타나도록 고안된 배지이다. *E. coli* 만이 붉은색 콜로니를 형성하며 자라고 다른 종들은 자라지 못하거나 다른 색의 콜로니를 형성하며 자라므로, *E. coli* 만을 감별할 수 있게 고안된 MacConkey agar 배지가 그 예이다.

이어지는 7개의 장에서는, 대표적인 생화학적 검정방법 7가지를 소개할 것이다. 특히 11장에서 14장에 걸쳐 소개할 4가지 검정을, 장내세균(enterics or enteric bacteria) 중 보건학적으로 중요한 지표 균주(indicator strain)인 *Escherichia coli*의 기본적인 동정에 필요한 IMViC 검정이라고 부른다. 이것은 Indole test, Methy red test, Voges−Proskauer test 그리고 in Citrate test의 밑줄 그은 알파벳 글자를 연결하여 미생물학에서 간단히 줄여 부르는 것이다.

11 Methyl red test: 혼합산 발효 검정

장내세균 과 (Family *Enterobacteriaceae*)는 30여 개의 속(genera)에 속하는 약 100개 이상의 종(species)이 포함되는 분류체계상 그룹이다. 이 그룹에는 사람이나 동물의 장내에 서식하는 박테리아 종이 많이 포함되어 있기때문에 일반적으로 장내세균(enterics)이라 부르기도 한다. 대표적인 종이 *Escherichia coli* 이다. 이 과에 속하는 균종들은 대개 통성 혐기성(facultative anaerobe)이며 산소가 없거나 희박한 환경에서는 발효를 수행한다.

장내세균에 속하는 박테리아는 대표적인 당인 글루코스(glucose)를 발효하면서 다양한 효소 반응을 거쳐 여러 종류의 산성 발효 산물인 젖산(lactic acid), 초산(acetic acid; 아세트산), 숙신산(succinic acid; 호박산), 개미산(formic acid; 포름산)과 같은 산과 부탄디올(butandiol), 에탄올(ethanol)과 같은 알코올 등을 발효 산물로 생성하는 혼합산 발효(mixed acid fermentation)를 하는 종들이 있는 반면에(그림 11−1), 산성 발효 산물이 포함되지 않은 여러 종류의 발효 산물을 생성하는 종들도 있다. 전자인 혼합산발효를 수행하는 것으로는 Genus(속) *Escherichia*, Genus *Salmonella*, Genus *Proteus*, Genus *Aeromonas* 등이 있는데, 대표적인 것이

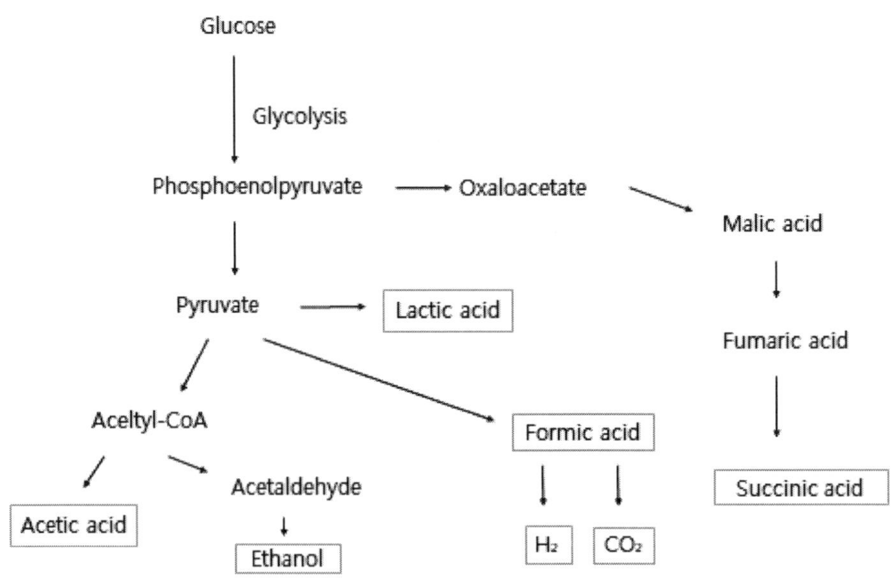

그림 11−1 ≫ 혼합산 발효(Mixed acid fermentation) 모식도.

*Escherichia coli*이다. 후자에 속하는 것으로는 *Enterobacter aerogenes*가 대표적이다.

MRVP(Methyl red Voges−Proskauer) 배양액에서 검정하려는 균주를 정치 배양하면, 발효를 통해 자라면서 다양한 발효 산물을 생성하게 된다. 만일 산성 발효 산물이 많이 생성 축적되는 발효를 수행하는 종이라면, 이와 같은 발효 산물의 축적은 배양액의 pH를 4.4 이하로 떨어뜨리게 될 것이다. 배양 후 배양액에 pH 지시약(indicator)인 methyl red를 넣으면, pH가 4.4 이하인 배양액은 붉은색으로 변하여 양성을 나타내므로 손쉽게 혼합산 발효를 검정할 수 있을 것이다.

12 Voges-Proskauer(VP) 검정

미생물학의 발전 초기 시대인 1898년 독일의 미생물학자인 Daniel Voges와 Vernhard Proskauer가 고안한 검정 방법으로 두 사람의 이름을 기려 Voges-Proskauer(VP) 검정이라 부른다. 이들이 고안한 제10장에서 언급한 MR-VP 배양액을 사용해 발효가 일어나는 정치 배양으로 박테리아를 배양하면, 일부 장내세균들은 글라이코라이스(glycolysis)를 거쳐 글루코스를 분해하여 생성된 2개의 피루빅산(pyruvic acid)의 발효를 통해 2,3-부탄에디올(2,3-butanediol)을 최종 발효 산물로 생성한다. 이것을 간단한 화학식으로 표시하면 다음과 같다.

$$2\ \text{pyruvate} + \text{NADH} \longrightarrow 2CO_2 + 2,3\text{-butanediol}$$

이러한 발효를 수행하면 산성 발효 산물이 많이 생성되지 않으므로, methy red 검정에서 음성으로 나타나게 된다. 오염 지표 균주인 *Escherichia coli* 등은 최종 발효 산물로 2,3-부탄에디올을 생성하지 않으므로 여러 장내세균이 섞여 있는 시료에 VP 검정을 수행하면 오염 지표 균주가 있는지를 확인할 수 있는 기본 검정이 될 것이다. 2,3-부탄에디올을 직접 검출하는 유기화학적인 방법이 없으므로, Voges와 Proskauer는 2,3-부탄에디올의 전구물질(precursor)인 아세토인(acetoin)을 발효 배양액 중에서 화학반응을 통해 검출하는 방법을 고안하였다. 아세토인은 3-hydroxy butanone 또는 actyl methyl carbinol이라는 이름으로도 불리는 중성의 유기 화학물로 상온에서 액체로 존재하며 버터 특유의 향을 내는 물질이다. 장내세균 중 Genus *Klebsiella*, Genus *Enterobacter* 등은 2,3-부탄에디올을 발효 산물로 생성하므로 배양액 중 아세토인이 존재하여 VP 검정에서 양성으로 나타나며, Genus *Escherichia*, Genus *Salmonella* 등은 2,3-부탄에디올을 발효 산물로 생성하지 않고 아세토인도 배양액 중 나타나지 않으므로 음성으로 나타난다. VP 검정에서는 배양액 중 아세토인 검출 반응을 통해 보건학적으로 중요한 Genus *Escherichia*를 쉽게 분별할 수 있도록 하였다. 아세토인의 검출은 복잡한 유기화학 반응을 통해 얻어진다. VP 검정에서는 배양액에 KOH 용액을 가하여 아세토인을 산화시켜 다이아세틸(diacetyl)이 만들어지게 한다(그림. 12-1).

그림 12-1 ≫ 아세토인의 산화.

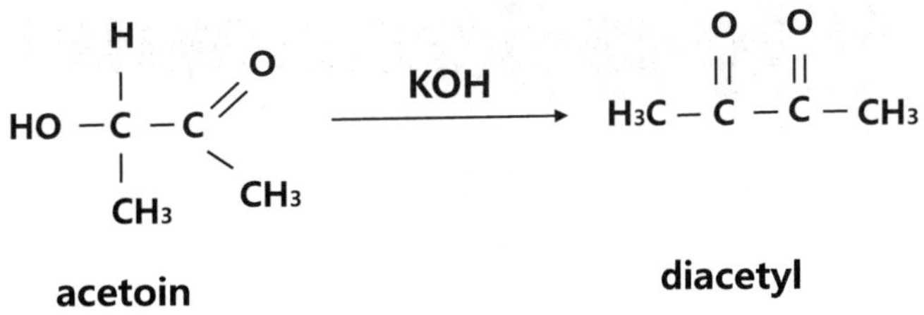

다이아세틸은 VP 검정에서 가해진 알파-나프톨(α-naphthol)과 MRVP 배지에 있던 펩톤을 이루는 아미노산 중 하나인 알기닌(arginine)의 구아니디노(guanidino) 작용기와 화학 반응하여 분홍색 또는 붉은색을 나타내는 염료(dye)를 형성하여 발색반응으로 쉽게 아세토인의 존재를 알려준다(그림 12-2).

VP 검정은 MR-VP 배양액에 검정할 균주를 정치 배양하여 발효를 통해 박테리아가 생장하도록 한 다음, 발효의 산물인 2,3-부탄에디올이 생성되었는지를, 2,3-부탄에디올의 전구물질인 아세토인의 존재 여부로 확인하는 것이다. 아세토인 검출은 KOH와 알파-나프톨을 가하여 발색 반응을 통해 비교적 간단히 할 수 있다.

그림 12-2 ≫ 다이아세틸의 dye 형성 반응에 의한 발색.

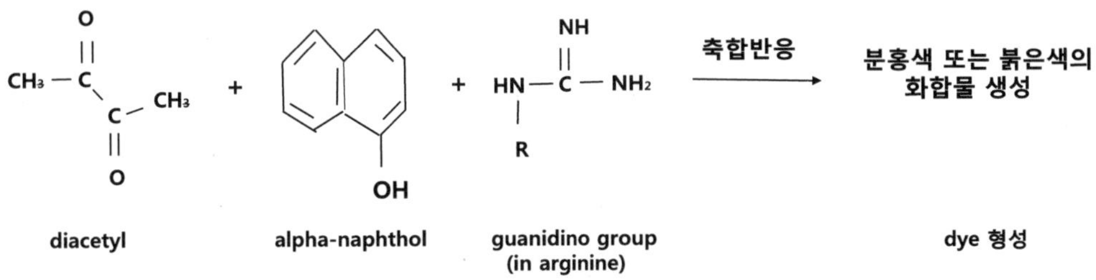

13 인돌 검정(Indole test)

단백질을 이루는 20가지 아미노산 중 하나인 트립토판(tryptophan)에서 아미노기(amino group)를 떼어내 탈아미노화(deamination)할 수 있는 효소가 트립토파네이스(tryptophanase)이다. 그림 13−1은 트립토파네이스의 반응을 간단한 화학식으로 표시한 것이다(그림 13−1).

트립토판은 트립토파네이스에 의해 인돌(indole)과 3탄당인 피루빅산(pyruvic acid) 그리고 암모늄(ammonium)으로 분해된다. 장내세균 중 Genus *Escherichia*, Genus *Proteus* 등은 트립토파네이스를 갖고 있으나, Genus *Enterobacter*, Genus *Klebsiella* 등은 트립토파네이스를 갖고 있지 않다. 그러므로 트립토파네이스에 의해 트립토판이 분해되면 인돌기가 배양액 중 존재하게 되는데, 화학반응을 통해 이를 검출할 수 있다면 비교적 간단히 검정하는 균주가 트립토파네이스를 갖고 있는지 판단할 수 있을 것이다.

인돌을 검출하는 화학반응은 스위스의 화학자인 Erwin Korvacs에 의해 고안되었다. Kovacs는 인돌과 반응하여 붉은색을 낼 수 있는 발색시약을 만들었는데, 이것은 파라−디메틸아미노벤즈알데하이드(para−dimethylaminobenzaldehyde), 아이소아밀알코올(isoamylalcohol) 그리고 진한 염산(concentrated hydrochloric acid)을 혼합한 용액으로 발명자의 이름을 따라 코박시약(Kovac's reagent)이라 부른다. 파라−디메틸아미노벤즈알데하이드가 배양액에 있는 인돌과 반응하여 붉은색을 내는 로스인돌 염료(rosindole dye)를 형성하고, 아이소아밀알코올이 로스인돌 염료와 복합체를 만들어 침전하는데 이때 반응하고 남은 아이소아밀알코올과 침전 복합체가 용액 속에서 떠올라 배양액 표면 상층부에 붉은색 환(ring)을 형성한

그림 13−1 ≫ 트립토파네이스에 의한 트립토판 분해.

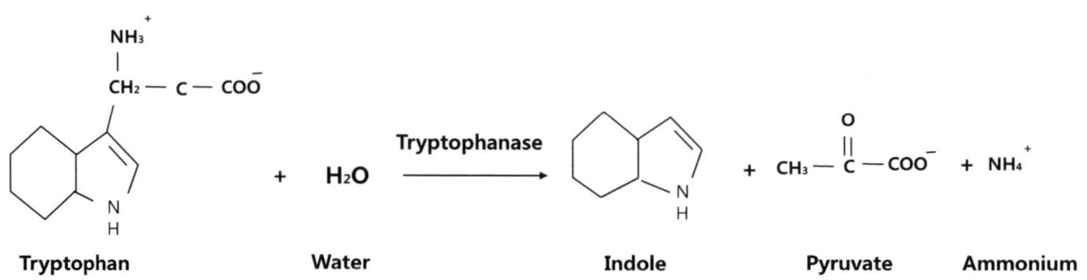

다. 이렇게 생성된 붉은색 환은 몇 분 뒤에 사라지게 되므로 주의 깊게 관찰하여야 한다. 배양액에 인돌이 존재하지 않으면 붉은색 환이 생성되지 않는다.

인돌 검정을 위해 사용되는 배지가 트립토판 배양액(typtophan broth)이다. 이 배지는 트립톤(tryptone)과 염화나트륨(NaCl) 그리고 아미노산인 트립토판(typtophan)으로 이루어졌다. 우유 단백질인 카세인(casein)을 단백질 분해효소인 트립신(trypsin)으로 분해한 산물이 트립톤 이므로, 배양하는 박테리아에게 펩타이드를 풍부히 공급하여 펩타이드 분해를 통해 아미노산 트립토판이 배양액에 많이 존재하게 해준다. 여기에 아미노산 상태의 트립토판을 추가로 배지에 넣어주었기 때문에, 만일 배양하는 박테리아가 트립토판의 탈아미노화를 촉매하는 트립토파네이스를 가진다면 효소 작용에 의해 트립토판에서 떨어져 나온 인돌이 많이 생성될 것이다.

14 구연산 사용 검정(Citrate utilization test)

구연산(citrate or citric acid)은 호흡에서 중요한 대사과정을 이루는 TCA 회로(Tri-crboxylic acid cycle)에 나타나는 대사물질이다. 구연산이 3개의 카복실기(carboxyl group)를 갖고 있어 tri-crboxylic acid로 불리기 때문에 그 이름이 지어졌다. 'Citric acid cycle'이라고도 부르며, 처음으로 회로를 규명하여 정립한 생화학자의 이름을 기려 'Krebs cycle'이라고도 한다. TCA 회로에서는 전 단계 대사물질로 카복실기를 2개 가진 옥살로아세트산(oxaloacetic acid)에 글라이코라이시스를 거쳐 나온 아세트산(acetic acid)이 붙어서 구연산이 만들어진다. 만들어진 구연산은 TCA회로를 거치며 일부가 산화되며 다시 옥살로아세트산으로 돌아온다.

만일 나트륨구연산염(sodium citrate)을 글루코스의 공급 없이 유일한 탄소원(sole carbon source)으로 박테리아에 공급하게 되면, 일부 박테리아는 주어진 구연산을 옥살로아세트산과 아세트산으로 분해하는 효소인 'citrase'를 갖고 있어 이를 분해하고 얻어진 옥살로아세트산과 아세트산의 대사를 통해 살아가는데 필요한 에너지를 얻어 생장할 수 있다. 일부 박테리아는 이러한 citrase를 갖고 있지 않아 나트륨구연산염을 유일한 탄소원으로는 생장할 수 없다. 장내세균 중에는 citrase를 가진 종과 갖지 않은 종이 모두 존재하므로, citrase 존재 여부가 장내세균의 동정을 위해 필요한 검정 방법이 된다.

Citrate utilization 검정에서는, 나트륨구연산염을 유일한 탄소원으로 공급하게 고안된 'Simmons citrate agar' 배지를 사용한다. Citrase를 가진 종들은 나트륨구연산염을 분해하여 옥살로아세트산과 아세트산으로 만들며, 옥살로아세트산은 피루빅산과 CO_2로 분해된다. 얻어진 아세트산과 피루빅산은 에너지 대사에 사용되고, 나트륨구연산염에서 방출된 나트륨(Na)이온은 중탄산나트륨(sodium bicarbonate; $NaHCO_3$)을 형성하게 되어 생장하는 박테리아 주변이 염기성을 띄게 된다(그림 14-1). Simmons citrate agar 배지에 들어 있는 지시약인 bromothymol blue는 pH 7.6 이상에서 녹색이 푸른색으로 변하는 성질을 가지므로, 박테리아가 나트륨구연산염을 분해하여 생장하면서 주변이 염기성이 되면 생장하는 부분의 배지 전체가 푸른색으로 변해 쉽게 검정 가능하다.

그림 14-1 ≫ Citrase 작용에 의한 나트륨구연산염 대사.

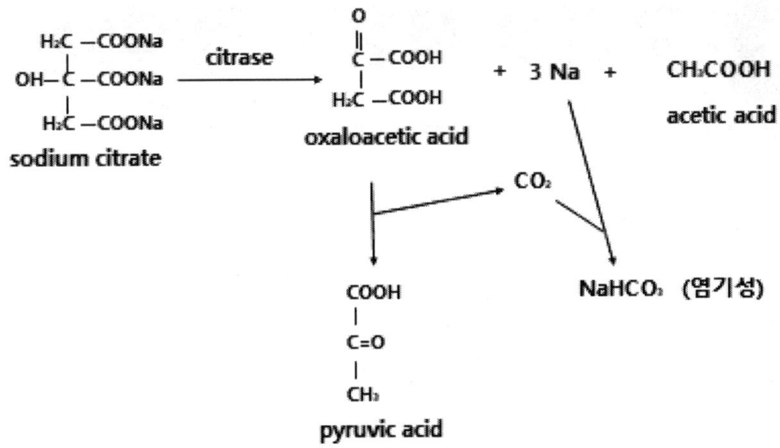

장내세균 중 citrase를 가진 대표적인 것은 Genus *Enterobacter*, *Serratia marcescens*, *Klebsiella pneumoniae* 등으로 구연산 사용 검정에서 양성을 보인다. 음성으로 나타나는 것으로는 *Escherichia coli*, Genus *Shigella*, *Salmonella typhi* 등이 있다. 구연산 사용 검정은 자연계의 토양이나 물에 상존하는 대장균군(coliform) 박테리아인 Genus *Enterobacter*와 분변에 의한 오염(fecal contamination)으로 존재하게 된 *Escherichia coli*나 *Salmonella typhi*를 구별하는 중요한 검정방법이다.

15 요소 분해효소 검정(Urease test)

요소(urea)는 아미노산의 탈카복실(decarboxylation) 반응에 의해 생성되는 물질이다. 박테리아의 경우 단백질 분해를 거쳐 얻어진 아미노산으로부터 요소가 생성되는데, 일부 박테리아는 요소를 가수분해하는 효소인 urease를 갖고 있다. Urease에 의한 요소 가수분해 반응은 아래와 같이 간단히 정리할 수 있다(그림 15-1).

사람의 요도에 감염하는 병원성 박테리아나 위궤양을 일으키는 *Helicobacter pylori*, 그리고 장내세균인 Genus *Proteus*, Genus *Klebsiella*도 urease를 가진 대표적인 박테리아이다. 분변 오염지표 균주인 *Escherichia coli*는 urease가 없어 urease 검정에서 음성으로 나타나는 대표적인 종이다. Urease 검정은 전통적으로 장내세균 내 동정 방법으로 활용되어왔으나 최근에는 *Helicobacter pylori* 등과 같은 urease 생성 병원균의 동정에 중요한 검정방법이 되었다.

검정에 사용하는 배지로는 agar가 함유된 반고체 상태의 배지로 고안된 Christensen's urea agar와 액체 배양으로 검정하는 Stuart's urea broth(배양액)가 있다. 모두 처음 고안한 사람의 이름을 기려 명명하였다. 두 배지 모두 많은 양의 요소(urea)가 들어있고, 그 배지에서 배양하는 박테리아가 urease를 가져 요소를 가수분해하여 암모니아를 많이 생성하면 pH가 염기성으로 변하는 것을 알려줄 수 있는 지시약(indicator)인 phenol red가 들어있다. 검정하는 박테리아의 urease 존재 여부를, 주어진 기질인 요소의 분해로 증대된 암모니아와 그로 인한 배양액의 pH 변화를 지시약의 변색으로 간단히 확인할 수 있다.

그림 15-1 ≫ Urease의 요소 가수분해.

$$\underset{\text{urea}}{(NH_2)_2CO} + 2\,H_2O \xrightarrow{\text{urease}} CO_2 + H_2O + \underset{\text{ammonia}}{2\,NH_3}$$

16 MacConkey agar: *Escherichia coli* 감별 배지

1900년대 초 영국의 미생물학자인 MacConkey에 의해 고안된 *Escherichia coli*를 감별하기 위한 배지가 MacConkey agar 배지이다. 최초의 감별 배지(differential medium)로 고안된 것이며, 장내 세균 중 락토스 (lactose; 유당)를 발효할 수 있는 *Escherichia. coli*와 이를 발효할 수 없는 속들을 감별할 수 있게 탄소 원(carbon source)으로 락토스가 배지에 들어있다. 락토스가 탄소 원으로 사용되므로 락토스를 분해 이용할 수 없는 장내세균은 이 배지에서 잘 자랄 수 없다. 락토스를 발효하는 균은 혼합산 발효를 통해 산성 물질을 생성하는데, 배지에 들어있는 pH 지시약(indicator)인 neutral red가 pH 6.8 이하에서 분홍색으로 변하므로 간단히 검정할 수 있다. 락토스를 분해할 수 없으나 MacConkey agar 배지에서 자랄 수 있는 박테리아의 콜로니는 산성 물질의 생성이 없어 neutral red의 색 변화 없이 색이 없거나 투명한 콜로니를 형성한다.

그람 양성균들은 MacConkey agar 배지에 들어있는 담즙(bile salt)과 크리스탈 바이올렛(crystal violet)에 의해 생장 저해를 받아 자라지 못한다. 이 배지에 들어있는 담즙 농도(0.15% w/v)는 그람 양성균에게는 치명적이나 그람 음성균은 견딜 수 있는 농도이다. 그람 음성균이 견딜 수 있는 것은, 아마도 그람 음성균이 가진 외막(outer membrane) 때문으로 추정하고 있다. 담즙이 박테리아를 저해하는 기작에 대해서는 아직 명확히 규명되지 않았지만, 최신 연구 결과에 따르면 담즙이 박테리아 세포 내로 들어와 필수적인 단백질들을 응집(aggregation)시켜 불활성화하기 때문이라고 알려져 있다. 그람 음성균의 외막은 담즙이 세포 내로 들어오는 것을 어느 농도까지는 막아 주기 때문에, 외막이 없는 그람 양성균만 영향을 받아 생장이 저해된다.

MacConkey agar 배지는 그람 양성균의 생장을 저해하므로 우선 그람 음성균을 선별할 수 있다. 그람 음성균 중 락토스를 분해하고 대사할 수 있는 박테리아를 선별하는 데 유용하게 사용된다. *Escherichia coli*와 *Pseudomonas aeruginosa*는 토양이나 물에 많이 존재하는 그람 음성 간균(rod)이며 광학현미경으로 관찰하면 구별이 쉽지 않지만, *Escherichia coli*가 락토스를 대사하므로 MacConkey agar 배지에서 키우면 쉽게 검정할 수 있다. 이러한 이유로 MacConkey agar 배지는 물에 오염되어 있는 *Escherichia coli*를 감별하는 배지로 사용되고 있다.

17 Catalase test

이미 8장에서 살펴본 바와 같이, 산소는 반응성이 뛰어난 원소이므로 생명체에게는 일종의 독(poison)으로 작용한다. 세포를 이루고 있는 구조물이나 생명 유지를 위해 필요한 거대분자(macromolecule)가 산소와 반응하면 급격히 산화되어 불활성화되거나 파괴된다. 그러나 대사과정에서 산소가 최종전자수용체(final electron acceptor)로 사용되면 같은 기질로부터 가장 많은 에너지를 얻어낼 수 있는 최상의 물질이다. 산소를 최종전자수용체로 사용하는 유산소 호흡(aerobic respiration)이 글루코스 한 분자를 대사할 때, 발효(fermentation)나 무산소 호흡(anaerobic respiration)보다 훨씬 많은 ATP를 만들어 낼 수 있는 것이 예가 될 수 있다.

이러한 산소의 독성을 극복하며 산소를 이용하기 위해 일부 생물은 산소의 독성을 중화할 수 있는 효소를 가지게 진화되어왔다. 산소의 독성을 중화하는 효소는 SOD(superoxide dismutase; 과산화물 불균등화효소)와 catalase, peroxidase(과산화효소)가 있다. 이 중 SOD와 catalase가 박테리아에서 산소의 독성을 중화하는 역할을 한다. 과산화효소는 많은 식물조직 속에 널리 분포하고 있고 일부 동물 조직에도 있다. SOD와 catalase를 갖고있는지 여부에 따라 박테리아를 크게 4가지로 나눌 수 있다(표 17-1).

표 17-1 ≫ O_2 의존에 따른 박테리아 분류

	obligate aerobes	facultative anaerobes	obligate anaerobes	aerotolerant anaerobes
생장과 O_2	산소 필요로 하고 산소 존재 하에 생장	산소 존재 여부에 상관없이 생장	산소 존재 하에 사멸. 무산소 하에 생장	산소 존재 하에 생존 가능하나, 산소 없이 생장
O_2 중화 관련 효소	SOD, catalase	SOD, catalase	없음	SOD만 가짐

생물의 유산소 호흡 과정 중 생기는 superoxide free radical(O_2^-)은 불안정성을 보이는 것으로 주변 분자(molecule)에서 전자를 뺏어감으로 세포 내 물질을 파괴할 수 있는 독성 물질이다. SOD는 superoxide free radical에 아래와 같은 반응을 촉매하여 덜 독성을 가진 과산화수소(hydrogen peroxide; H_2O_2)로 전환 시킨다.

$$O_2^- + O_2^- + 2H^+ \xrightarrow{\text{SOD}} H_2 + H_2O_2$$

과산화수소(H_2O_2)가 자연적으로 분해되면 여전히 독성을 가진 peroxide anion(O_2^{2-})과 $2H^+$가 발생하므로, 생물은 catalase 효소로 중화반응을 일어나게 하여 peroxide anion의 발생을 미리 차단한다. Catalase에 의해 촉매 되는 반응은 아래와 같다.

$$2H_2O_2 \xrightarrow{\text{catalase}} 2H_2O + O_2$$

반응 생성물은 물 분자와 산소 분자로 세포에 독성을 미치지 않는 안전한 물질로 전환 되었다.

Catalase 반응에서 기체상태의 산소가 발생하는 것에 착안하여 catalase 검정을 수행한다. 표 17-1에서 보듯이, 일부 박테리아는 SOD만 가지고 있어 대기 중 산소 노출에는 생존할 수 있으나 대사과정에 산소를 이용하지 못하는 산소내성 혐기성(aero-tolerlant anaerobe)에 속한다. 가장 대표적인 것이 유산균으로 통칭 되는 Genus *Lactobacillus* 등이 있다. 이러한 박테리아의 배양액에는 catalase가 존재하지 않아, 과산화수소를 가했을 때 아무런 반응이 일어나지 않는다. 그러나 catalase를 가진 절대 호기성(obligate aerobe) 박테리아나 통성 혐기성(facultative anaerobe) 박테리아의 배양액에는 catalase가 존재하므로, 과산화수소를 가했을 때 물과 산소 기체로 전환되고 산소 기체 발생에 의한 기포(거품)를 보이게 될 것이다. 대개 현미경 슬라이드 위에 검정하려는 박테리아 배양액을 극소량 (10에서 20㎕) 떨어뜨린 후, 그 위에 과산화수소 용액을 떨어뜨리며 기포 발생 여부를 관찰한다. 기포가 발생하면, 검정하는 박테리아가 catalase를 가진 양성으로 판명되는 것이다. 기체 발생이 없는 것은 음성으로, 검정하는 박테리아가 catalase를 갖고 있지 않은 산소내성 혐기성에 속하는 것이다.

18 발효식품의 제조: 요거트 제조

미생물의 연구가 인간이나 동식물에 병을 일으키는 병원균을 찾아내는 것으로부터 시작되었기 때문에, 사람들은 미생물에 대해 해롭다는 선입견을 갖고 있는 것이 사실이다. 하지만 미생물의 존재를 모르던 옛날부터 전 세계적으로 많은 문화권에서 고유의 방식으로 발효식품을 제조하여 전승 발전시켜왔다. 미생물학이 발전한 다음에야 각 문화권 고유의 전통 발효식품이 미생물 발효에 의한 것이라는 것을 알게 되었다. 이렇게 미생물은 발효를 통한 식품의 제조 등과 같이 우리의 생활을 이롭게 하는 경우가 더 많다. 전 세계적으로 오랜 시간 전래 되어 온 미생물 발효를 통해 만들어진 전통 식품으로는 우리나라의 대표적인 발효식품인 김치, 된장, 청국장 등과 동양의 여러 장류(일본의 미소 등), 서양의 치즈, 요거트(yoghurt), sauerkraut(절인 양배추), pickle(절인 오이) 등이 있다. 이러한 식품들은 미생물의 존재를 알지 못하던 옛날부터 경험에 의해 그 제조 방법이 전해져 왔다. 이제 미생물의 존재를 알고 난 다음에 살펴보니, 자연에 존재하던 특정 미생물이 그 제조 과정에 들어가 발효를 통해 증식하면서 전통식품이 생성되도록 하였으며, 그 맛과 향은 바로 발효산물에 의해 좌우된다는 것을 알게 된 것이다. 최근에는 식품 발효에 필요한 미생물을 인위적으로 접종하고, 그 생육을 조정하면서 보다 좋은 전통식품을 생산하는 것이 중요한 식품산업이 되었다.

요거트는 유목민족들이 오래전부터 제조하여 먹었던 대표적인 우유 발효식품의 하나이다. 자연 상태의 유산균(lactic acid bacteria)이 우유속에 들어가, 우유 안에 있는 유당(lactose)을 발효시켜 유산(lactic acid)을 최종산물로 생성하며 생육하게 되면(lactic acid fermentation), 액체 상태의 우유가 반고체 상태인 요거트로 된다. 요거트는 우유보다 저장성이 뛰어나고 고유의 맛과 향이 있으며 살아있는 유산균과 유산균 생장 중 만들어지는 여러 생리활성물질이 우리의 장 건강을 튼튼하게 하여 주는 효과가 있다고 알려져 건강식품으로 애용되고 있다.

목축을 통해 유제품을 얻어 주요한 먹거리로 삼는 지역마다 고유의 맛과 향을 가진 요거트를 전통적으로 제조하여 특산품으로 삼고 있다. 지역마다 이렇게 독특한 요거트가 전래 되는 것은, 지역마다 요거트 발효에 사용되는 유제품이 서로 다르고 또 지역에 존재하는 유산균의 종이 서로 다르기 때문일 것이다. 즉 어느 지역은 소에서 나오는 우유를 사용하지만 다른 지역에서는 염소젖이나 양에서 나오는 양유 말에서 나오는 마유를 사용하기도 한다. 발효의 재료가 되는 유제품이 가진 성분이 다르고 그것을 발효시키는 유산균의 종이 다르므로 지역마다 다양한 요거트가 만들어지게 된 것이다.

이러한 다양한 요거트 중 몇 가지가 전 세계적으로 널리 알려져 백 년 넘는 세월 동안 제조 판매되면서, 현재 우리가 상업적으로 유통하는 일반적인 요거트로 자리 잡게 되었다. 상업적으로 유통되는 요거트는 늘어나는 수요를 맞추기 위해 거대 시설을 갖춘 공장에서 대량으로 제조되고 있다. 균일한 요거트의 맛을 내려고 발효에 사용하는 유산균인 시작종균(starter)을 과학적으로 관리하고 개량하고 있다. 각 제조사의 요거트 맛을 좌우하는 중요한 역할을 하는 것이 제조사 고유의 시작종균이며, 이에 대한 개량과 더 우수한 시작종균을 자연계에서 선별하기도 하며 이것에 대한 특허를 출원한다.

19 박테리오파지의 증식

박테리오파지(bacteriophage)는 박테리아를 숙주(host)로 증식하는 바이러스(virus)를 일컫는 용어이다. 지금으로부터 100여 년 전인 1917년 프랑스의 과학자인 d'Herelle는 박테리아를 거르는 여과막을 통과한 물질(즉 박테리아가 걸러져 멸균 상태라고 생각되는 용액)을 박테리아에 가했을 때 박테리아가 죽는 것을 관찰하고 이 물질을 '박테리오파지'라 명명하였다. 파지(phage)라고도 줄여 부르는데, 파지는 그리스어로 '게걸스럽게 먹음(devour)'이라는 어원을 갖고 있다. 박테리오파지가 생장하고 있는 박테리아에 감염(infection)하면서 박테리아를 숙주로 증식하여 결국에는 박테리아를 사멸시키며 후손파지(prophage)를 생성하는 과정이, 마치 박테리오파지가 숙주인 박테리아를 닥치는 대로 잡아먹어 죽이는 것 같다고 하여 박테리아를 게걸스럽게 먹어치우는 것이라고 박테리오파지라 명명하였다 한다.

이러한 박테리오파지의 성질을 이용하여 간접적으로 박테리오파지의 존재 여부를 확인하게 해 준 실험방법인 플라크 분석법(plaque assay)이 정립되었다. 박테리오파지의 숙주가 될 수 있는 생장하고 있는 박테리아가 충분히(1 x 10^6/ml 정도의 높은 농도) 들어있는 박테리아 배양액에 박테리오파지가 들어있는 여과액을 섞어 영양 배지로 만들어진 아가 플레이트(agar plate)위에 부어 퍼뜨리면, 우선 박테리아가 영양물질을 흡수하여 아가 플레이트 위에 자라기 시작할 것이다. 이처럼 페트리 접시(Petri dish) 전체에 숙주세포인 박테리아를 키워 놓은 것을 잔디밭에 비유하여 bacterial lawn이라고 부른다. 이때 섞여 있던 박테리오파지가 자라고 있는 박테리움(bacterium; bacteria의 단수형)을 감염하여 수십 개 또는 수백 개의 후손 파지(progeny phage)를 만들어 세포 밖으로 방출하면 바로 그 옆에서 활발히 세포 분열하여 생장하고 있는 다른 숙주 박테리움에 손쉽게 감염할 수 있게 된다. 이와 같은 일이 반복되어 밤새 배양하는 동안 일어나면 처음 한 개의 박테리오파지가 섞여 있던 플레이트 근처에 10회 이상의 박테리오파지 감염과 후손 파지 생성이 일어나 주위의 박테리아 숙주세포를 사멸시켜 그 부분만이 박테리아의 생장이 없는 마치 하나의 반점처럼 나타나게 된다. 이것을 플라크라 부르며, 밤새 배양한 후 플레이트 상에 나타난 플라크의 수는 처음 박테리오파지 여과액에 들어있던 박테리오파지의 개수를 나타내는 것이다(그림 19−1). 플라크 분석법은 박테리오파지의 수를

그림 19-1 ≫ 박테리오파지 플라크.

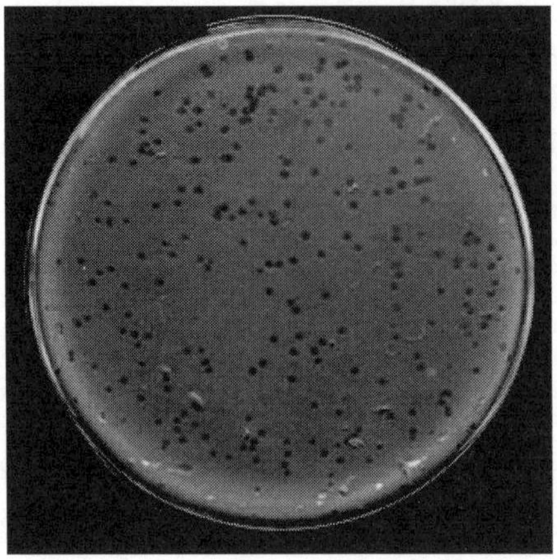

정량적으로 측정할 수 있는 실험법으로 지금도 박테리오파지 실험의 기본을 이루고 있다.

박테리오파지는 그 크기가 너무 작아 광학현미경으로는 볼 수 없었기 때문에 그 존재 여부를 인정하지 않는 과학자들이 많았다. 그들은 앞에 언급한 여러 실험 결과들을 실험상에 나타나는 인공산물(artifacts) 정도로 받아들이고 있었다. 이후 1930년대에 전자 현미경이 개발되고 이를 사용하여 박테리오파지의 존재를 관찰할 수 있게 된 다음부터 박테리오파지의 존재가 인정받게 되었고, 박테리오파지의 비교적 간단한 유전체와 짧은 시간 동안 대량으로 증식할 수 있는 성질을 알게 되어 유전학 연구의 가장 적당한 연구 수단으로 사용하기 시작했다. 초기 미생물 유전학의 많은 발견이 박테리오파지를 연구 재료로 사용하여 알려졌고 이것이 분자 생물학의 시작이 되었으므로, 최근까지 미생물 유전학 및 분자 생물학 연구의 재료로 가장 많이 사용된 유기체 중 하나는 박테리오파지일 것이다. 박테리오파지는 스스로 대사 작용을 하지 못하므로 전통적인 생물로 분류될 수 없다. 자신의 유전체를 숙주 세포에 주입하게 되고 숙주 세포의 대사 작용 기작을 이용해 자신의 유전물질 복제와 단백질을 합성한다. 시간이 지나면 유전체를 함유하는 박테리오파지 입자(particle)를 생성하여 원래 감염한 박테리오파지와 같은 수십 또는 수백 개의 개체로 증식하여 나올 수 있는 능력을 보이므로, 지금은 생물과 무생물의 경계에 있는 생물로 인정받고 있다.

아래 그림은 전자 현미경으로 관찰한 박테리오파지를 그린 모식도이다(그림 19−2).

박테리오파지 입자는 머리(head)와 꼬리 집(tail sheath) 그리고 꼬리 파이버(tail

그림 19–2 ≫ 박테리오파지 구조의 모식도.

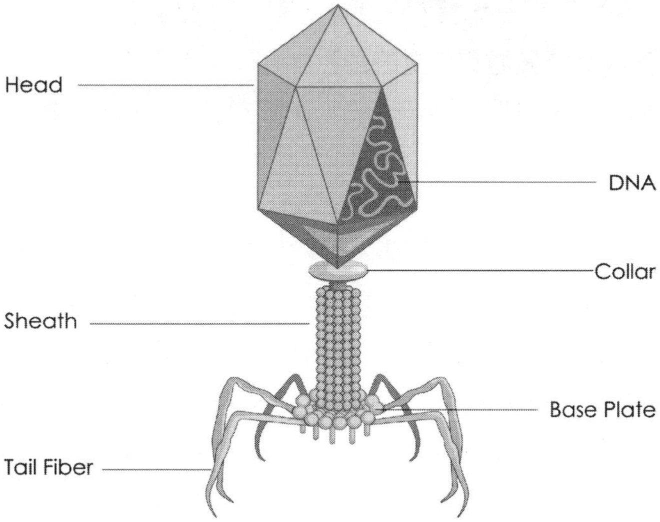

fiber)의 세 부분으로 되어있고, 콜라(collar)는 머리와 꼬리 집을, 베이스 플레이트(base plate)는 꼬리 집과 꼬리 파이버를 각각 연결해주고 있다. 박테리오파지 입자의 머리는 단위 단백질이 반복적으로 모여 보통 정이십면체(icosahedron)를 이루는 경우가 많다. 정이십면체의 머릿속에는 높은 압력으로 응축된 유전체가 들어있는데, 박테리오파지 종류에 따라 유전체는 DNA 또는 RNA로 이루어져 있다. 꼬리 집은 속이 비어 있는 원통으로 숙주세포를 감염시킬 때 꼬리 집 전체가 마치 주사기의 실린더처럼 아래쪽으로 내려가며 숙주세포 안쪽으로 꽂히며 머릿속의 유전체가 숙주세포 속으로 이동하는 통로 역할을 맡고 있다. 꼬리 파이버는 단백질로 되어있고 감염하려는 숙주세포 표면에 있는 수용체(receptor)에 딱 끼어 맞도록 진화하여 박테리오파지 입자가 숙주세포에 붙을 수 있게 해준다. 박테리오파지 입자는 꼬리 파이버를 통해 숙주세포 표면에 내려앉은 후, 박테리오파지 머릿속에 응축되어 들어있는 유전체가 자체 압력을 이용하여 마치 주사기를 통해 물질을 주입하듯 꼬리 집을 아래로 내려가게 한 후 꼬리 집 속의 공간을 통해 유전체를 숙주세포 안으로 집어넣는다. 들어간 박테리오파지의 유전체의 일부 유전자가 신속히 발현되어 숙주세포의 유전체 복제와 전사 및 번역을 중지시키고 박테리오파지 유전체 복제와 파지 입자를 구성하는 데 필요한 유전자들의 발현이 일어나도록 한다. 비교적 짧은 시간에 수십에서 수백 개의 후손 파지가 생성되도록 하고 최종적으로 숙주 박테리아 세포의 용해(lysis)를 통해 증식된 후손 파지가 방출되도록 한다. 이것이 가장 전형적인 박테리오파지의 용해 생활상(lytic cycle)이다.

20 박테리아의 항생제 민감성: Kirby-Bauer test

1900년대 초 독일의 Ehrlich가 사람이나 동물의 조직에는 해를 끼치지 않거나 가벼운 해를 끼치며 감염된 박테리아 등 미생물만을 죽일 수 있는 화학물질을 합성하여 사용하면서, 화학치료법(chemotherapy)이라 이름 지어 불렀다. 그는 Salvarsan이라 명명된 화학물질을 합성하여 매독(syphilis)의 치료제로 써서 많은 사람의 관심을 집중하였다. Salvarsan은 중금속인 비소(arsenic)가 함유된 화학물질로 독성이 강하여 현재는 사용하지 않고 있으나, 화학치료법에 사용된 최초의 화학치료제(chemotherapeutic agent)로 기억되고 있다. 이후 많은 화학 치료제가 합성되고 사용되었으며, 1928년 영국의 의사인 Fleming이 곰팡이가 생성하는 화학물질로 박테리아 병원균에 화학치료제로 사용할 수 있는 페니실린(penicillin)을 발견하였다. 페니실린과 같이 미생물이 생성하는 화학물질로 다른 미생물의 생장을 저해하는 것을 항생제(antibiotics)라고 정의한다. 최근에는 그 용어의 범위가 확산 되어 미생물뿐 아니라 동식물이 생성하는 물질로 미생물의 생장을 저해하는 것도 모두 항생제로 부르고 있다. 그러므로 화학치료제는 화학합성 물질과 항생제로 나눌 수 있다.

Fleming이 발견하고 Florey와 Chain이 대량생산과 임상 실험을 거쳐 1940년대 초 페니실린이 사용되어 많은 사람을 감염병으로부터 구하게 되었다. 이후 미국의 Waksman이 토양에 서식하는 방선균(Actinomyces)인 Streptomyces 속에서 스트렙토마이신(streptomycin)을 발견한 것을 필두로 수많은 항생제가 발견되어 사용되고 있다. 현재까지 약 5,000여 종의 항생제가 발견되었고, 이 중 1,000종 이상이 생산되어 사용되고 있다고 알려져 있다.

항생제는 다른 화학치료제처럼 사람이나 동물 같은 숙주에는 해가 거의 없으며 병원균의 생장을 저해하는 성질을 가져야 한다. 이러한 성질을 항생제의 선택적 독성(selective toxicity)이라 한다. 항생제가 선택적 독성을 나타낼 수 있는 것은, 진핵세포로 이루어진 숙주와 원핵세포인 병원균의 생리학적인 차이점 때문이다. 일반생물학 시간에 배운 진핵세포와 원핵세포 사이의 세포벽의 차이, 리보솜의 차이, 대사과정의 차이 등이 그 예시가 될 수 있다. 현재까지 알려진 항생제는 작용기작(mode of action)에 따라 5가지로 나누어 분류하고 있다. 이 5가지 작용기작에 따라

그림 20-1 ≫ 항생제의 작용기작.

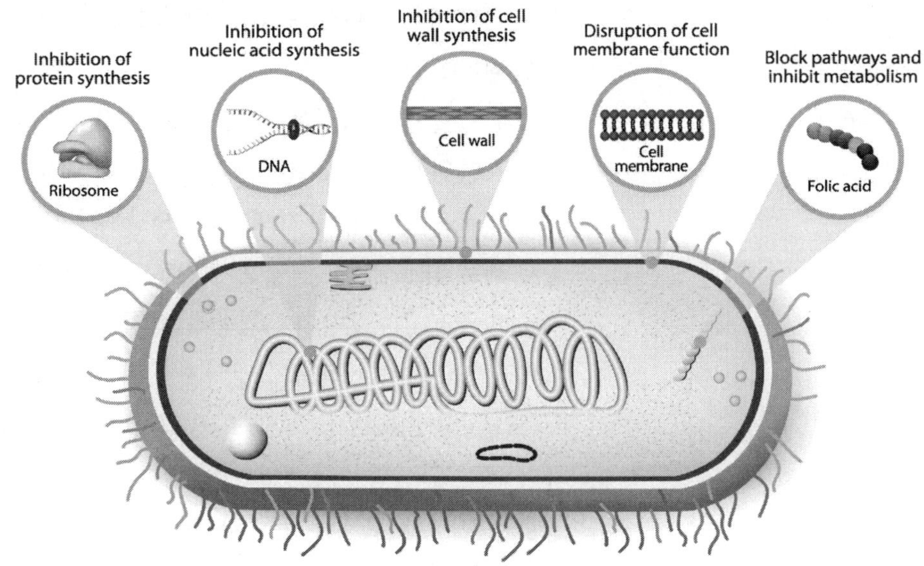

나누면 , ①세포벽에 작용하는 항생제, ② 단백질 합성을 저해하는 항생제, ③ 세포막에 작용하는 항생제, ④ 핵산 대사를 저해하는 항생제 ⑤ 숙주와 병원균 간의 대사과정 차이를 이용해 병원균의 필수 대사산물 생성을 저해하는 항생제, 가 된다. 이러한 항생제 분류체계는 항생제가 목표로 삼는 박테리아의 생리학적인 특징도 반영된 분류법으로, 어떤 항생제가 특정 박테리아 종에 효능을 보이는지를 판단할 수 있는 기준이 된다. 이제 각 작용기작에 대해 자세히 살펴본다(그림 20-1).

(1) 세포벽 생성 저해

박테리아와 식물, 곰팡이 세포는 원형질막 밖에 세포벽이라는 세포를 보호하는 두꺼운 구조물을 갖고 있다. 특별히 박테리아의 세포벽은 펩티도글리칸층으로 되어있는데, 이것은 이당류 유도체에 5개의 아미노산이 연결된 펜타펩타이드가 붙어있는 단위체로 이루어져 있다. 식물세포의 세포벽은 셀룰로스로 되어있고 곰팡이의 경우 베타글리칸(β-glycan)으로 되어있다. 동물세포는 세포벽을 갖고 있지 않다. 그러므로 박테리아 세포벽을 이루는 펩티도글리칸의 생성을 저해하거나 파괴하는 물질이라면 사람이나 동물 숙주의 세포에는 영향을 주지 않으며 병원균의 세포벽 생성을 저해하여 병원균을 제압할 수 있을 것이다.

가장 먼저 발견된 항생제인 페니실린이 바로 이러한 작용기작으로 효능을 나타낸다는 것이 페니실린 발견 후 몇십 년 뒤에 밝혀졌다. 펩티도글리칸 단위체에 나타나는 펜타 펩타이드의 마지막 부분의 펩타이드 결합으로 연결된 alanin−alanin과 페니실린의 입체적인 3차원 구조가 유사하여, 세포벽 합성에 중요한 효소(페니실린 결합 단백질이라 명명; penicillin binding protein)가 페니실린을 펩티도글리칸 단위체로 잘못 인식해 결합함으로 경쟁적 저해(competitive inhibition)를 일으켜 세포벽 생성이 저해된다. 생장 중인 박테리아는 세포벽 생성이 멈추면, 이것이 세포 내로 신호 전달되어 생장을 멈추게 된다. 이 상태는 박테리아가 죽은 것(bactericidal)이 아니라 생장이 정지된 것(bacteristatic)으로 시간이 흘러 항생제가 자연 파괴되거나 농도가 낮아지면 언제든지 다시 생장할 수 있다. 페니실린은 대표적인 정균성(bacteristatic) 항생제이다.

그람 염색법에서 배운 바와 같이, 그람 양성균은 세포벽이 두껍고 가장 중요한 방어수단이므로 페니실린과 같이 세포벽 생성을 저해하는 항생제가 잘 작용할 수 있는 박테리아이다. 반면에 그람 음성균은 외막(outer membrane)이 있고 아주 얇은 펩티도글리칸층이 페리플라즘 가운데 존재하므로 세포벽 생성을 저해하는 항생제의 영향을 거의 받지 않는다.

세포벽 생성 저해 기작을 보이는 항생제로는, 페니실린이 대표적이고 이것을 변형시킨 앰피실린(ampicillin), 메치실린(methicillin) 등이 있다. 역시 곰팡이인 *Cephalosporium* 속이 생성하는 세팔로스포린(cephalosporin)과 토양 박테리아인 *Bacillus subtilis*가 생성하는 바씨트라신(bacitracin)도 세포벽 생성 저해 작용기작을 가진다.

(2) 단백질 합성 저해

세포 내에서 단백질 합성은 리보솜에서 일어나며 단백질 합성이 저해되면 세포는 사멸하게 된다. 원핵생물의 리보솜(70S)은 진핵생물의 리보솜(80S)보다 작고 구성 물질이 다르므로, 이러한 생리학적인 리보솜의 차이를 이용해 원핵생물의 리보솜에 작용하여 저해하는 항생제는 효과적으로 병원균을 억제할 수 있다. 페니실린 다음으로 발견되어 사용되던 스트렙토마이신이 70S 리보솜에만 작용하여 단백질 합성을 저해하는 항생제라는 것이 역시 사용 후 오랜 시간이 지난 다음 연구를 통해 규명되었다.

그람 양성균이나 음성균 또는 그람 염색이 되지 않는(세포벽이 없는 일부 박테리아) 박테리아 모두 70S 리보솜을 가지므로, 단백질 합성 저해 항생제는 대부분의 박테리아 병원균에 효과적으로 사용할 수 있다. 이처럼 다양한 부류의 박테리아에 작용할 수 있는 항생제를 광범위 항생제(broad spectrum antibiotics)라 부르며, 앞에 설명한 페니실린과 같이 일부 특정 박테리아에 만 작용하는 항생제는 좁은 범위 항생제(narrow spectrum antibiotics)라 부른다.

단백질 합성 저해 작용기작을 보이는 항생제로는 클로람페니콜(chloramphenicol), 테트라싸이클린(tetracycline)과 화학적으로 아미노글리코사이드(aminoglycoside) 계열에 속하는 스트렙토마이신, 네오마이신(neomycin), 젠타마이신(gentamycin)이 있다. 화학적으로 마크로라이드(macrolides) 계열 항생제에 속하는 에리쓰로마이신(erythromycin)도 단백질 합성 저해 기작을 보인다. 단백질 합성 저해 기작을 보이는 항생제는 병원균을 죽게 하는 대표적인 살균성(bactericidal) 약제이다.

(3) 세포막에 작용하는 항생제

진핵생물과 원핵생물은 세포막이 모두 인지질로 이루어져 있고 생리학적인 차이점이 거의 없다. 그러므로 진핵생물의 세포막에 영향을 끼치지 않으며 병원성 박테리아의 세포막에 저해를 줄 수 있는 항생제나 항생물질은 찾기 어렵다. 토양에 서식하는 박테리아인 *Bacillus polymyxa*가 생성하는 폴리 펩타이드로 구성된 항생제인 폴리믹신 B(polymyxin B)가 이러한 작용기작을 가진 대표적인 항생제이다. 폴리믹신 B는 그람 음성균이 가진 외막을 파괴하여 투과성을 변형시켜 저해하므로, 주로 그람 음성균에만 효과를 보인다.

곰팡이의 세포막에만 존재하는 에르고스테롤(ergosterol)에 작용하여 저해하는 항생제인 amphotericin B 등이 항진균제(anti−fungal agent)로 쓰이는데, 세포막을 저해하는 작용기작을 보이는 예이다.

(4) 핵산 대사를 저해하는 항생제

진핵생물과 원핵생물 모두 DNA를 유전체로 가지며, 유전자 발현 과정에서 mRNA로 전사(transcription)하는 과정을 거치는 것도 같다. 그러므로 DNA나 RNA 대사를 저해하는 항생제를 찾아내기는 쉽지 않다. 그러나 일부 항생제와 항생물질은 원핵생물인 박테리아에 대해서만 저해를 보이므로 항생제로 사용할 수 있다. 이러한 항생제는 그람 양성균 음성균에 모두 효과를 보이는 광범위 항생제이다.

토양에 서식하는 방선균이 생성하는 리파마이신(rifamycin) 계열 항생제가 그 중 하나인데, 진핵세포의 전사에는 영향을 끼치지 않고 박테리아의 RNA 중합효소(RNA polymerase)의 전사 개시(initiation)를 저해하여 mRNA 생성을 억제하는 효과를 보인다. 마크로라이드(macrolides) 구조를 가지며 리파마이신의 유도체인 리팜핀(rifampin)이 많이 사용되고 있다.

1962년 미국의 Lesher 등이 화학적으로 합성한 퀴놀론(quinolone)계 물질인 날리시딕산(nalixidic acid)이 대표적인 퀴놀론계 항생물질의 시작이다. 생물의 유전체 DNA에 복제(replication), 전사(transcription), 재조합(recombination)이 일어나려면 DNA 이중나선구조의 supercoiling을 일으키고 푸는 효소인 DNA gyrase의 기능이 필수적이다. 날리시딕산은 원핵생물의 DNA gyrase 만 저해하여 복제, 전사, 재조합이 일어나지 못하게 해 병원성 박테리아를 죽게 하는 살균성(bactericidal) 약제이며 광범위 항생제이다. 퀴놀론계열 항생제에 내성을 보이는 균주가 나타나자, 1980년대에 퀴놀론에 불소(fluor; F)를 첨가한 fluoroquinolone을 합성하였으며 그 작용기작은 퀴놀론계열 항생제와 같다.

(5) 필수 대사산물 생성을 저해하는 항생제

진핵생물과 원핵생물의 필수적인 대사과정은 대부분 유사하여 그 차이점을 찾기 쉽지 않다. 1930년대 독일에서 합성된 황(sulphur)을 함유한 설파닐아마이드(sulfanilamide)가 일부 병원성 박테리아에 효과가 있어 항생제로 널리 사용되기 시작했고 지금도 그것의 유도체가 사용되고 있으며, 이렇게 황을 함유한 합성 항생제를 흔히 sulfa drug(설파제) 이라 한다. 사용 후 오랜 시간이 지난 다음, 작용 기작에 대한 과학적인 연구를 수행하며 독특한 설파닐아마이드의 저해과정이 알려졌다. 엽산(folic acid)은 비타민 B 복합체의 하나인데 사람의 경우 식품을 통해 섭취하므로 필수 대사산물은 아니지만, 많은 박테리아는 자신이 직접 대사를 통해 합성해야 하는 필수 산물이다. 설파닐아마이드는 박테리아의 엽산 생합성 과정에 중요한 역할을 하는 효소의 경쟁적 저해제(competitive inhibitor)로 작용하여 엽산 생성이 일어나지 못하게 해 박테리아의 생장을 멈추게 하는 정균성(bacteristatic) 항생제로 작용한다.

특정 병원균이 어떤 항생제에 민감하게 저해를 받는지를 알아내는 것은 감염병 환자를 치료하는 임상에서는 굉장히 중요한 작업 중 하나이다. 이것은 시간을 다투는 실험이기도 하므로, 항생제가 환자 치료에 사용되기 시작하면서 체계적으로 실험방법이 정립되었다.

대표적인 것이 Kirby–Bauer test인데, 일정한 농도의 항생제에 포화 된 필터 디스크(disc)를 실험할 박테리아가 고르게 도말 된 플레이트 위에 올려놓고 배양을 시작한다. 시간이 지남에 따라 디스크에 포화 된 항생제가 주위로 확산 되 나가는데, 만일 그 박테리아가 퍼져 나가는 항생제에 민감하다면 디스크 주위에는 박테리아가 자라지 못하게 될 것이다. 다음 날 배양이 끝난 후 디스크 주위에 박테리아가 자라지 못해 생긴 저해지역(inhibitory zone)이 관찰된다면, 그것은 실험하는 박테리아가 항생제에 민감하다는 것을 의미한다. 디스크 주위에 생긴 저해지역이 클수록 박테리아가 그 항생제에 의해 훨씬 더 저해 받는 것이다. 이러한 디스크 주위의 저해지역이 나타난 것이 마치 일식이나 월식에서 해나 달 주위에 무리가 나타나는 것과 흡사하다 하여, 해무리나 달무리를 뜻하는 단어인 halo라 부른다.

21 박테리아의 항생제 MIC 결정

특정 항생제(antibiotics)가 특정 박테리아에 대해 얼마나 효과가 있는지를 정량적으로 알아보기 위한 지표 중 하나가 최소억제농도(Minimal Inhibitory Concentration; MIC)이다. 특정 항생제의 특정 박테리아에 대한 MIC는, 그 항생제가 특정 박테리아의 생장을 방해할 수 있는데 필요한 제일 낮은 농도를 말하는 것이다. 그 농도 보다 낮은 농도의 항생제가 가해지면 박테리아가 생장할 수 있으나, 그보다 높은 농도에서는 전혀 생장이 나타나지 않을 것이다. 이러한 MIC는, 임상적으로 특정 박테리아에 감염되어 나타나는 질병에 걸린 환자에게 투여하는 항생제의 양을 결정하는 중요한 요소가 될 뿐 아니라 실험실에서 실험을 수행할 경우 반드시 알고 있어야 할 사항 중 하나이다.

MIC를 결정하는 방법에는 크게 3가지 방법이 알려져 있다.

첫 번째 방법은 디스크 확산방법(Disk−diffusion test)이다. 검정하려는 박테리아를 도말 한 배양접시 위에 특정 항생제에 담가 놓아 포화상태에 이른 필터 디스크를 올려놓고 배양하면서, 항생제 디스크로부터 확산된 항생제가 디스크 주위에 박테리아의 생장을 저해하여 저해지역(zone of inhibition) 또는 저해 환(inhibitory halo)을 보이는가를 통해 항생제의 효능을 알아내는 방법인, 앞 장에서 설명한 Kirby−Bauer test를 말한다. 이때 정량적으로 MIC를 구하기 위해서는, 각기 다른 농도의 특정 항생제에 담가놓은 항생제 디스크(최근에는 상업적으로 판매되는 다양한 농도의 항생제 디스크)를 사용하여 halo 생성 여부와 크기를 측정하여 이미 알려진 표준과 비교하면, 특정 박테리아가 특정 항생제에 대해 보이는 MIC를 측정할 수 있다. 그러나 이 방법은 배지의 성질, 항생제의 확산 정도 등 여러 요소에 의해 영향을 받고, 각기 다른 농도의 항생제 디스크를 많은 플레이트에 올려놓고 실험하므로 시간과 인력이 많이 필요하여 짧은 시간에 정확한 결과를 얻어야 하는 임상에 적용하기는 적당하지 않다고 알려져 있다.

두 번째 방법은 E test (Epsilometer test)이다. 이 방법은 디스크 확산방법이 간편하게 발전된 형태이다. 상업적으로 판매되고 있는 특정 항생제가 농도기울기(concentration gradient)에 따라 묻혀 있고 plastic 재질로 coating 된 위에 그 위치의 항생제 농도가 표시되어있는 strip을 사용하여, 검정하려는 박테리아를 도말 한

그림 21-1 ≫ 항생제 농도기울기 strip을 이용한 E-test.

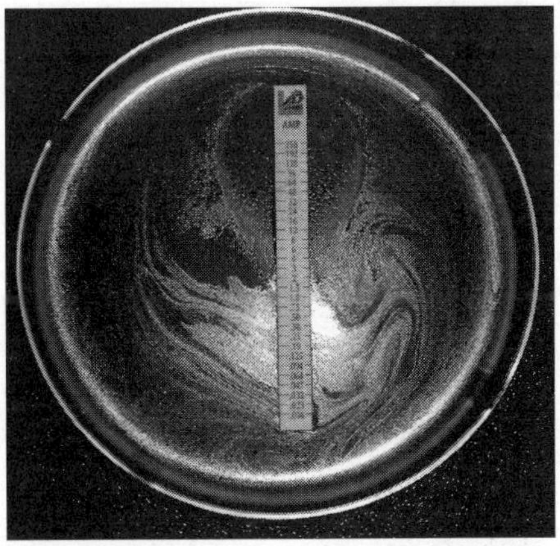

배양접시 위에 올려놓고 배양한다. 배양이 끝난 후 박테리아의 생장 저해가 일어나 halo가 나타나기 시작하는 지점의 strip 상 표시된 항생제 농도를 읽으면 그것이 바로 MIC가 된다. 한 종류의 항생제의 MIC를 구하기 위해 하나의 플레이트와 그 위에 올려놓은 하나의 strip만 있으면 되므로, 실제 임상에서 간편하고 빠르게 MIC를 정하는 방법으로 사용되고 있다(그림 21-1).

세 번째 방법은 배양액 희석 방법(Broth dilution test)이다. 앞에서 살펴본 두 방법의 단점은 특정 항생제가 살균적(bactericidal)인가 정균적(bacteristatic)인가를 판단할 수 없다는 것이다. 그러나 배양액 희석 방법을 사용하면 MIC와 함께 특정 항생제의 최소 박테리아 사멸 농도(Minimal Bactericidal Concentration; MBC)도 결정할 수 있다. 96-well 플레이트를 사용하여 연속적으로 2배씩 항생제 농도가 감소하게 배양액을 준비하고, 각 well에 검정하려 하는 특정 bacteria를 접종하고 배양한 후 나타난 박테리아의 생장을 관찰한다(그림. 21-2). 박테리아의 생장이 나타난 well 중 가장 항생제 농도가 높은 well의 농도가 MIC가 될 것이다. 박테리아의 생장이 나타나지 않은 MIC보다 높은 농도의 well들에 있는 배양액 중 일부를 항생제가 들어가지 않은 새로운 배양액에 접종하고 배양한 후 박테리아의 생장을 관찰한다. 만일 test한 항생제가 살균적(bactericidal) 이었다면, 접종액으로 사용한 well의 배양액에는 살아있는 박테리아가 없었을 것이므로 접종된 새로운 배양액에서 박테리아의 생장이 관찰되지 않을 것이다. 만일 test한 항생제가 정균적(bacteristatic) 이었다면, 처음 접종액으로 사용한 well에 생장 정지되어 있던 박테리아들이 있었고 이것들이 항생제가 없는 새로운 배양액에 옮겨졌을 때 자라기 시작하여 생장이 관찰될 것이다. 정균적(bacteristatic) 항생제의 경우, MIC보다 높은 항생제 농도에서도 생장만 정지된 채 살아있었지만 아주 높은 항생제 농도에서는

그림 21-2 ≫ 배양액 희석방법에 사용된 96-well 플레이트.

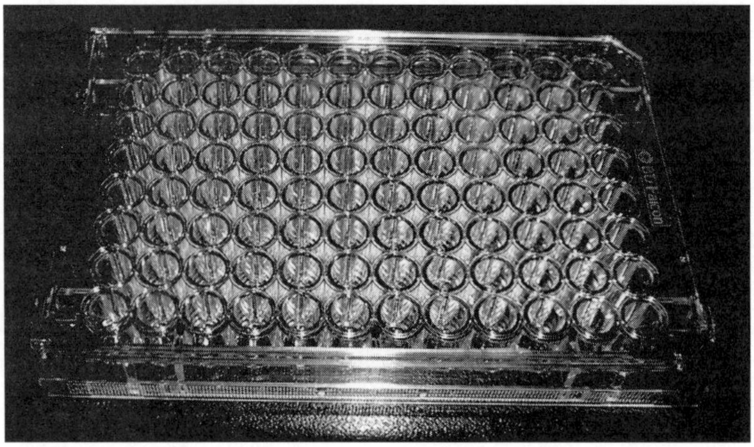

결국 죽게 될 것인데, 이때 특정 박테리아를 죽게 하는 정균적(bacteristatic) 항생제의 농도가 MBC인 것이다. 실험적으로, MIC 농도 보다 높아 박테리아의 생장이 나타나지 않은 well들을 차례로 새로운 배양액(항생제가 없는)에 접종하여 배양한다. 밤새 배양 후 생장이 관찰되지 않는 배양액에 접종한 이전 well의 항생제 농도를 비교한다. 그 중 가장 낮은 이전 well의 항생제 농도를 MBC로 정한다. 이러한 test 결과는 임상에서 항생제 치료를 하는 데 있어 중요한 판단 요인이 된다.

22 박테리아 유전체 DNA 분리와 확인 (전기영동)

박테리아는 원핵세포이므로 핵이 존재하지 않고, 그 유전체 DNA (chromosomal DNA)도 세포질에 핵양체(nuclear region)로 뭉쳐 있다. 그러므로 박테리아 세포의 세포벽과 원형질막을 파괴하면 세포질 내의 유전체 DNA를 얻을 수 있다.

그람 양성 박테리아의 경우, 두꺼운 세포벽을 갖고 있으므로 이를 제거하여야 한다. 펩티도글리칸으로 되어있는 두꺼운 세포벽은 라이소자임(lysozyme) 처리를 통해 파괴할 수 있다. 일단 세포벽을 제거하고 나면, 지질 이중층(lipid bilayer)으로 구성된 원형질막으로 둘러싸인 원형질체가 남게 된다. 이것은 SDS(sodium dodecyl sulfate)와 같은 세제(detergent)를 처리하여 파괴할 수 있다. 이 과정을 거치면 세포질 안의 유전체를 포함한 DNA, 여러 종류의 RNA, 그리고 많은 종류의 단백질과 박테리아 세포가 파괴된 찌꺼기(cell debris)와 함께 용액 속에 남아 있게 된다.

*E. coli*와 같은 그람 음성 박테리아는, 얇은 세포벽 밖에 세포외막(outer membrane)을 갖고 있고 세포벽이 아주 얇게 존재한다. 별도의 라이소자임 처리 없이 SDS와 같은 세제만으로 2개로 이루어진 막을 파괴하고 세포질 안의 유전체를 포함한 DNA, 여러 종류의 RNA, 그리고 많은 종류의 단백질과 박테리아 세포가 파괴된 찌꺼기를 용액 형태로 얻을 수 있다. SDS는 세포막을 이루고 있는 인지질과 같은 양친매적(amphiphatic) 물질이므로 인지질 이중층으로 된 세포막 사이사이에 끼어 들어가 막 구조를 망가뜨려 세포막을 파괴한다. 이렇게 얻어진 용액을 원심분리(centrifugation) 하면 무거운 세포 찌꺼기는 침전물 형태로 가라앉고 DNA와 RNA, 그리고 단백질이 녹아 있는 맑은 용액을 얻게 되는데 이것을 cleared lysates라 부른다. Cleared lysates에서 단백질만을 제거하기 위해 페놀(phenol)과 클로로포름(chloroform)으로 추출한다. 페놀과 클로로포름 추출을 하는 중, 층 분리가 일어나면 상층과 하층 경계면에 주로 단백질이 하얀 침전물 형태로 남으며 상층부 수용액 층에는 DNA와 RNA가 녹아 있게 된다. 여기에 얼음에 담가 차게 한 absolute ethanol을 가하면 용액 속에 있는 DNA나 RNA가 서로 엉기게 되고 이를 원심분리하면 가라앉게 되는데, 이것을 에탄올 침전법(ethanol precipitation)이라

한다. 에탄올이 용액 속에 있는 DNA나 RNA분자 주위에 붙어 있는 물 분자를 떨어지게 하는 탈수반응(dehydration)을 일으켜 인접해 있는 DNA와 RNA 분자들을 서로 뭉치게 한다고 알려져 있다. 유전체 DNA를 분리하는 과정에서 에탄올 침전을 하게 되면, 원심분리하지 않은 상태에서도 DNA와 RNA 분자가 엉켜서 마치 실타래처럼 용액 속에 떠다니는 것을 관찰할 수 있다. 이것은 용액 중 DNA와 RNA의 농도가 높을 때 나타나는 현상이고, 만일 DNA와 RNA의 농도가 낮은 경우에는 용액 속에 떠 있는 핵산 뭉치는 볼 수 없으나 원심분리 후 핵산의 아주 적은 침전물을 튜브의 표면에서 보게 될 것이다. 이렇게 얻은 침전물은 건조 시킨 후 적당량의 D.W.나 완충액(buffer)에 녹이는데, 용액은 DNA와 RNA가 같이 섞여 있는 상태이다. 유전체 DNA만을 얻으려면, 이 용액에 RNA만을 파괴하는 효소인 RNase를 집어넣고 반응시키는 과정을 거쳐야 한다.

박테리아 유전체 DNA는 원래 cell 내에서 굉장히 거대한 하나의 폐쇄 환상형(closed circle)을 이루고 있으나, 분리되는 과정 중 물리적인 힘 등에 의해 절단되어 결국에는 선형 DNA(linear DNA)로 분리되며 대개 20kb 전후의 길이를 가질 것이다.

얻어진 유전체 DNA는 아가로스 젤 전기영동(agarose gel electrophoresis)을 하여, EtBr(ethidium bromide) 염색을 하고 탈색한 후, 자외선(ultra violet; UV)을 쬐어 젤 상에서 밴드(band; 띠) 형태로 확인할 수 있다. 전기영동(electrophoresis)은 전하를 띈 단백질이나 DNA, RNA 같은 거대분자를 분자 크기에 따라 확인하는 실험방법이다. DNA의 전기영동에 대해 초점을 맞추어 알아보면, 우선 DNA가 자유로이 이동할 수 있는 전하를 띄지 않은 물질을 골라 그 안에 DNA를 자리 잡게 한다. DNA는 음전하를 띄고 있으므로, DNA가 위치한 곳에서 멀리 떨어진 곳에 양(+)전극을 걸어주고 DNA가 위치한 곳에 음(−)전극을 걸어주면 DNA는 전기적 인력에 의해 양극 쪽으로 이동할 것이다. DNA 전기영동을 위한 물질로 아가로스(agarose)를 사용한다. 아가로스는 상온에서 젤(gel) 상태를 유지하는데, 젤 안에 DNA와 같이 분자량이 큰 거대분자물질(macromolecule)이 이동할 수 있는 눈에 보이지 않지만 커다란 공극(pore)을 갖고 있다. 전하에 의해 DNA가 젤 안의 공극을 통해 이동할 때, 분자량이 더 크고 부피도 많이 나가는 DNA가 천천히 이동하게 될 것이다. 그러므로 분자량이 크고 부피가 큰 DNA와 작은 DNA를 같이 섞어 전기영동 하면, 분자량과 부피에 따라 젤 상에서 이동한 거리가 차이가 나게 된다. 이것이 전기영동을 거쳐 여러 다른 크기의 DNA 조각을 아가로스 젤 전기영동을 통해 분리할 수 있는 이유이다. 아주 작은 DNA 조각이나 단백질과 같이 분자량이 덜

나가는 물질을 전기영동 할 때는 기질로 폴리아크릴아마이드(polyacrylamide)를 사용한다.

젤 안에서 전하에 의해 이동한 DNA 조각들은 육안으로는 볼 수 없다. 이를 보기 위해 고안된 방법이 EtBr 염색법이다. DNA를 이루는 이중나선구조에 의하면, 두 가닥의 뉴클레오타이드(nucleotides)는 마주 보는 각 뉴클레오사이드(nucleoside)가 가진 염기 사이의 염기쌍 결합(base pairing)을 하며 이것은 수소 결합(hydrogen bond)에의해 지탱된다고 한다. 이렇게 형성된 염기쌍 결합은 마치 한 장의 종이와 같이 이중나선구조 사이에 존재하게 된다. 예를 들어 1,000개의 뉴클레오타이드로 이루어진 DNA 조각 한 분자에는 1,000개의 염기쌍 결합이 일정한 간격으로 두 가닥을 연결하고있는 것이다. EtBr은 입체적인 분자 모양과 크기가 DNA의 염기쌍 결합과 흡사하여, DNA 이중나선구조와 같이 섞여 있으면 마치 염기쌍 결합 부분과 같이 염기쌍 결합 사이사이에 끼어 들어가는 성질이 있다. 한 번 들어간 EtBr은 잘 빠져나오지 못하고 그대로 이중나선구조 안에 갇혀 있게 된다. EtBr은 에너지를 가진 자외선(UV)을 쬐어 주면 분자 구조가 변하며 붉은색의 빛을 방출하는 물질이다. 이를 이용해 DNA를 전기영동 한 아가로스 젤을 적당한 농도의 EtBr 용액에 잠시 담가 EtBr이 젤 안에 이동하여 모여 있는 DNA 이중나선구조 안에 들어가게 한다. 염색된 젤을 완충액에 옮겨 젤 안에 들어가거나 붙어 있는 EtBr이 용액 속으로 빠져나오도록 탈색 반응을 하면, 젤 안에 모여 있는 DNA에 끼어 들어간 EtBr만 빠져나오지 않게 된다. 이 상태의 젤에 UV를 쬐어 주면 EtBr이 빠져나간 젤은 하얗게 보이는 중에 모여 있던 DNA는 EtBr이 빠져나가지 못해 그 부분만 마치 붉은띄처럼 나타나고 이를 밴드(band)라고 부른다.

23 플라스미드 DNA 분리와 확인

일부 박테리아는 유전체(genome)를 이루는 chromosomal DNA와는 별도로 존재하는 스스로 복제 가능한(autonomous replication) DNA를 갖고 있는데, 이를 플라스미드(plasmid)라 부른다. 같은 종에 속하는 박테리아 중에 일부는 플라스미드를 갖고 있기도 하지만, 플라스미드를 갖지 않은 박테리아가 오히려 원형(wild type)인 경우가 많다. 한 박테리아가 여러 개의 서로 다른 플라스미드를 가진 경우도 많다. 플라스미드는 크기, 복제 수(copy number), 다른 박테리아로 옮겨 가는 방법, 기능 등 여러 분류 방법에 따라 다양하게 구분할 수 있다.

복제 수는 한 세포 당 같은 플라스미드가 몇 개 존재하는지를 나타내는데, 일반적으로 크기가 작은 플라스미드의 경우 복제 수가 많고 크기가 큰 플라스미드의 경우 복제 수가 적은 경향을 보인다. 각 플라스미드는 종류마다 고유의 복제 수를 가지며, 고유의 복제 수는 세밀한 분자생물학적 조절로 항상 일정하게 유지된다.

기능에 따라 플라스미드를 분류하면, 박테리아 개체 사이의 유전자 교환을 일어나게 하여 주는 F(fertility factor) 플라스미드가 있다. 두 박테리아 개체를 접합 필리(conjugative pili)라는 특수한 구조물로 연결하고, 필리 안쪽의 비어 있는 공간을 통해 한 박테리아 세포의 플라스미드 DNA를 다른 박테리아 세포로 옮기는 접합(conjugation)이라는 독특한 방법으로 플라스미드를 전파하는 것이 F 플라스미드이다. F 플라스미드가 접합을 통해 다른 박테리아 세포로 이동할 때 같이 존재하다가 필리를 통해 무임승차 하듯이 다른 박테리아로 이동하는 플라스미드 종류 중, 항생제에 대한 내성 유전자를 갖고 있어 박테리아 사이에서 항생제 내성 유전자를 전파 시키는 플라스미드가 R(resistance factor) 플라스미드이다. Col 플라스미드는 Genus *Escherichia*에 속하는 균주 사이에서 독성 물질로 작용하는 콜리신(colicin)이라는 항생물질을 생성하는 유전자를 가진 플라스미드이다. 그 크기가 작고 복제 수가 많은 특징을 갖고 있어 현재 유전자 재조합 기법에서 사용하는 많은 플라스미드의 기본형으로 개발 사용되어왔다. 토양이나 수중 생태계에 존재하는 복잡한 방향족 탄화수소 화합물을 분해하는 효소의 유전자를 가진 Genus *Pseudomonas*의 Tol 플라스미드도 있는데, 토양에 잔류한 농약 성분이나 유출된 원유를 분해하는 분해균들은 이 플라스미드를 가진다. Ti(Tumor inducing)플라스미드는 식물에

crown gall이라는 병을 일으키는 병원균인 *Agrobacterium tumefaciens*가 가진 플라스미드로 식물 조직에 감염되면 식물 유전체에 플라스미드 DNA가 끼어 들어가는 특성을 이용하여 현재는 식물 유전자 재조합 기법에서 중요한 유전자 운반 수단으로 사용되고 있다.

플라스미드는 그 종류나 크기에 상관없이 세포 내에서 공유결합 폐쇄 환상(covalently closed circle; CCC)형태로 존재하고 있으므로 유전체 DNA와는 생물물리학적으로 다른 형태(conformation)를 하고 있다. 공유결합 폐쇄 환상형태는 유전체 DNA와 비교하여, super-coiling에 의해 응축되어 있으므로 부피가 작아 밀도가 높게 나타난다. 유전체 DNA와 플라스미드 DNA 사이의 밀도차를 이용하여, 밀도가 높은 플라스미드 DNA를 유전체 DNA로부터 분리하는 방법을 고안하였다. 초고속 원심분리(ultracentrifugation)를 하게 되면, 아주 작은 밀도 차이를 가진 물질들을 분리하여 뽑아낼 수 있으므로 일찍부터 플라스미드 DNA 분리 방법으로 정립되었다. 그러나 초고속 원심분리를 통한 분리법은 고가의 장비가 필요하고 많은 시간과 노력이 들어가는 작업이므로 최근에는 플라스미드 DNA를 분리하는 용도로 거의 사용하지 않는다.

1979년 Doly 등은 플라스미드가 가진 공유결합 폐쇄 환상형태에 착안하여 간단한 조작으로 쉽게 플라스미드 DNA를 분리하는 방법을 고안하였다. Doly 방법에 따르면, 우선 박테리아 세포들을 Solution I (Sol. I)으로 명명된 완충용액에 집어넣은 후, Solution II (Sol. II)로 명명된 세제(detergent)와 NaOH의 혼합체를 첨가한다. Sol. II의 세제 성분은 박테리아의 세포막을 파괴하여 세포질의 DNA를 포함한 성분들이 용액에 나오게 되며, Sol. II에 같이 들어있는 강알칼리성 용액(NaOH)에 의해 DNA의 변성이 일어나게 된다. 이때 응축되고 부피가 작은 공유결합 폐쇄 환상형태의 플라스미드 DNA는 유전체 DNA보다 강알칼리에 의한 변성 작용을 덜 받게 된다. 유전체 DNA는 대부분 이 단계에서 변성되어 서로 엉켜 큰 침전물을 이룬다. 강알칼리성 용액에 노출 시킨 세포 용해액(cell lysate)을 다시 중성 용액으로 전환 시키기 위해, Solution III (Sol. III)라 명명된 산성용액을 첨가한다. 중성으로 전환된 용액을 원심분리 하면, 세포 찌꺼기(cell debris)와 변성된 유전체 DNA 등이 침전물로 가라앉게 된다. 플라스미드 DNA와 RNA 그리고 단백질(protein)이 녹아있는 cleared lysates를 얻게 되며, 여기에서 단백질을 선택적으로 제거하기 위해 페놀(phenol)/클로로포름(chloroform) 혼합액으로 추출하는 과정을 거치게 된다. 플라스미드 DNA는 RNA와 함께 페놀(phenol)/클로로포름(chloroform) 추출과정에서 상층액으로 얻을 수 있다. 얻어진 상층액에 차게 한 에탄올(cold ethanol)을 가하면 DNA와 RNA 분자 사이에 결합 된 물 분자가 탈수반응(dehydration)으로 빠져나가 플라스미드 DNA와 RNA가 함께 침전물로 얻어지게 된다. 침전물을 건조한 후 원하는 양의 D.W.나 완충액에 녹인 다음, RNase A를 넣고 반응시키면 플라스미드 DNA 용액을 얻을 수 있다. 플라스미드 분리방법에 알칼리 용액을 사용해 분리하는 방법이라는 관점에서, Doly의 분리방법을 알칼리 용해방법(alkaline lysis method)라 부른다.

유전공학 기법이 일반화된 1990년 이후 많은 생명공학 관련 회사들이 플라스미드 DNA의 분리를 쉽게 하려고 여러 종류의 플라스미드 DNA 분리 키트(kit) 제품을 출시하였다. 대부분의 키트 제품은 기본적으로 Doly 방법을 이용해 cleared lysates를 얻는 것까지는 모두 같으며, 얻어진 cleared lysates에 존재하는 플라스미드 DNA를 회수하기 위해서 화학적으로 DNA만 흡착할 수 있는 각 회사 고유의 수지(resin)를 개발하여 사용하고 있다. DNA가 흡착되는 수지를 여과막(filter) 형태로 만들어 장치하고 그 위로 DNA와 RNA 그리고 단백질이 함유된 cleared lysates를 흘려보내 플라스미드 DNA만 수지에 붙게 한 다음, 흡착된 DNA를 완충액을 써서 세척 한다. 마지막으로 원하는 부피만큼의 증류수나 완충액을 가하면 수지에 흡착된 플라스미드 DNA만 화학적인 이온강도(ionic strength) 변화 때문에 가해진 증류수나 완충액에 용출되어 원하는 플라스미드 용액을 분리하게 된다. 이러한 상업적인 키트를 사용하면 에탄올 침전법을 수행하지 않게 되어 시간이 절약되며 플라스미드 DNA 분리 수율이 향상된다. 실제로 약 30분 안에 박테리아 배양액으로부터 플라스미드 DNA를 분리할 수 있으며, 얻어진 DNA의 품질(quality)도 DNA 염기 배열순서 결정(DNA sequencing)이나 PCR(polymerase chain reaction) 또는 클로닝(cloning)을 수행할 수 있을 만큼 뛰어나다. 각 회사는 고유의 DNA 흡착 수지를 개발하여 특허를 얻은 후 상업적인 플라스미드 DNA 분리 키트를 생산 판매하고 있는데, 분리하는 원리나 제품의 품질은 큰 차이가 없다고 생각한다.

24 제한효소 절단과 연결반응

박테리아의 경우, 외부에서 들어온 다른 개체의 DNA는 그 균주 특유의 변형이 되어있지 않으므로 제한(restriction) 현상에 의해 절단된다. 제한 현상은, 변형되어 있지 않은 외부 DNA의 특정 부위에서 이중나선구조의 중추(backbone)를 이루는 뉴클레오타이드의 phosphodiester bond를 잘라 파괴하는 것이다. 이러한 제한 현상을 수행하는 단백질이 제한효소(restriction enzyme)이다.

1950년대 초 Bertani가 최초로 관찰한 제한 현상에 관여하는 제한효소들을 그로부터 20여 년이 흐른 후 Smith가 생화학적으로 분리하였다. *E. coli* K 균주(strain)에서 얻은 제한효소는 *EcoK*, *E. coli* B 균주에서 얻은 것은 *Eco*B라 명명하였다. 이 명명법에 따르면, 특정 균주가 생성하는 제한효소는 그 균주의 속(Genus) 이름의 첫 자를 따서 대문자로 사용하고 그 균주의 종(species) 이름의 처음 두 글자를 따서 속의 첫 자에 연결하여 소문자로 쓰며 세 글자 모두 이탤릭으로 쓴다. 만일 특정한 균주 이름이 있을 때는 이것의 첫 자를 대문자로 앞의 세 글자에 연결하고, 특정 균주에서 생성되는 제한효소가 둘 이상일 때는 로마 숫자로 I, II, III 등을 그 뒤에 쓰도록 한다. 예를 들어 *<u>E</u>scherichia <u>co</u>li* <u>K</u> strain에서 생성되는 제한효소는 *Eco*K로 표기하고(밑줄 친 부분을 따옴), *Escherichia coli* R strain에서 두 번째 발견된 제한효소는 *Eco*RII로 표기하는 것이다.

제한효소는 일종의 DNA 결합 단백질(DNA–binding protein)로 특정한 DNA 염기 배열순서를 인식하여 결합한다. 연구 결과 *Eco*K나 *Eco*B 등은 특정 DNA를 인식하는 부위와 실제 절단하는 부위가 멀리 떨어져 있었는데, 이와 같은 성질을 가진 제한효소를 type I 제한효소라 분류하였다. 반면에 특정 DNA를 인식하는 부위에서 바로 절단하는 성질을 가진 *Eco*RI 이나 *Pst*I 등의 제한효소를 type II 제한효소로 분류하였다.

Type I 제한효소는 특정 DNA 염기 배열순서를 인식하여 결합한 후 계속 DNA를 따라 이동하다가 인식한 부위에서 멀리 떨어진 곳에서 절단한다. 제한효소 종류에 따라 인식하는 부위는 서로 다르고 또 절단이 일어날 때까지 이동하는 거리도 모두 달라진다. 이러한 제한효소는 인식하는 부위의 염기 배열순서 정보를 알더라도 정확히 절단이 일어나는 부위의 염기 배열순서를 알 수 없으므로, 유전공학 기법에서 DNA 절단과 절단 후 결합을 위한 효소로 사용하기에 적당하지 않다. 그러나 type II 제한효소는 결합 인식 부위에서 바로 절단이 일어나므로 결합 부위의 염기 배열순서 정보를 알면 절단된 부위의 정보를 쉽게 예측할 수 있고, 같은 제한효소로 절단된 서로 다른 DNA 분자를 마치 장난감 끼어 맞추기를 하듯이 연결할 수 있다. 그러므로 type II 제한효소는 유전공학 기법에서 DNA를 자르는 가위의 역할을 한다.

제한효소는 DNA 이중나선구조(DNA double helix)에 결합하게 되므로, 그 결합 인식 부위는 대개 가상의 중앙점을 기준으로 점대칭을 이루게 된다. 화학적으로 *dyad* 대칭(symmetry)이라 부르는 구조를 하게 되며, 이것은 중앙점을 기준으로 염기 배열이 회문(palindrome) 형태로 나타난다는 특징이 있다. 즉 4개, 6개, 8개, 10개 등 2의 배수 개의 염기가 가운데 대칭점을 향해, 같은 염기 배열이 반복하여 나타나는 것이다. 예를 들면 *Eco*RI 은 $^{5'}$GAATTC^{3} 로 된 6개의 염기 배열순서를 인식하고 이에 상보적인 가닥은 $^{3'}$CTTGAA^{5} 가 되므로, A와 T 사이 가상의 대칭점을 기준으로 양쪽에서 동일한 염기 배열순서가 중앙을 향해 반복되는 형상이다.

제한효소가 특정 회문 형태의 DNA 염기 배열순서를 인식하고 절단할 때, 두 가지 방법으로 절단하는 것이 가능하다. 첫째는 회문의 중앙 부분을 무 자르듯 뭉툭하게 절단하는 방법으로 두 가닥 말단 절단(blunt−end cut)이라 부른다. 두 번째는 서로 엇갈리게 자르고 남은 부분이 서로 끼워 맞춰질 수 있도록 자르는 방법으로, 점착 말단 절단(cohesive−end cut or staggered−end cut or sticky−end cut)이라 부른다. 용어가 뜻하는 그대로 절단되고 남은 부분끼리 서로 상보적이므로 다시 쉽게 수소 결합하여 염기쌍 형성(base−pairing)이 가능한 절단 방법이다. 일부 제한효소들은 인식하는 부위의 염기 배열순서는 같으나 절단 방법이 달라 남겨진 절단 부위가 서로 다른 것들이 있는데, 이들을 서로 isochizomer라 부른다. 각 제한효소의 종류에 따라 인식 부위와 절단 방법이 모두 다르므로, 유전공학 기법에서는 자르는 부위가 어디인가에 따라 다양한 제한효소를 그때그때 사용한다.

특정 DNA를 제한효소로 자르면, 그 DNA 분자에 인식 부위가 몇 개 있는가에 따라 그리고 DNA 분자의 형태에 따라 특정 수의 선형(linear) DNA 단편(fragment; 조각)으로 절단되게 될 것이다. 만일 폐쇄 환상형으로 되어있는 DNA를 3개의 인식 부위를 가지는 제한효소로 자르면 원형이었던 원래의 DNA는 3개의 선형(linear) DNA 단편으로 나눠질 것이다. 선형의 DNA를 3개의 인식 부위를 가지는 제한효소로 자르면 4개의 선형 DNA 단편으로 나눠질 것이다. 절단된 DNA 단편들의 크기는 아가로스 젤 상에서 전기영동하여 확인할 수 있다. 제한효소 반응으로 절단된 DNA 단편의 길이를 비교 측정하기 위해, 아가로스 젤의 한 홈(well)에 ladder(단편 사다리)라 불리는 DNA 단편 길이 표준(standard)을 집어넣고 함께 전기영동 한다. DNA ladder는, 이미 크기를 알고 있는 여러 개의 DNA 단편을 섞어 놓은 것으로 서로 다른 크기의 단편들의 밴드가 전기영동 후 아가로스 젤 상에 마치 사다리의 계단처럼 차례로 나타나는 것을 따라 ladder라 명명하였다. 1kb ladder는 단편들이 1kb씩 늘어나며 나타나게 고안하여 상업적으로 판매하는 ladder이고, 이외에도 여러 다양한 크기를 비교할 수 있게 고안된 ladder들을 상업적으로 구매할 수 있다. 우리가 제한효소로 절단한 DNA 단편들을 아가로스 젤의 홈에 loading할 때, 이미 크기를 알고 있는 상업적인 ladder도 함께 인접한 홈에 loading하여 전기영동하고 나타난 밴드를 옆에 나타난 이미 크기를 알고 있는 ladder의 밴드들과 비교하면 제한효소 반응으로 절단된 단편들의 대략적인 크기를 예측할 수 있다.

1973년 Cohen과 Boyer가 처음 발표한 유전자재조합 기법(recombinant DNA technology)은 한 생물의 유전자를 다른 생물의 세포 내로 옮겨 발현시키는 기술이다. 유전자 재조합 기법은 일반적으로 유전공학(genetic engineering) 기법이라고도 부르는데, 4단계의 과정을 거쳐 수행한다(그림 24-1).

제1단계는 옮기려는 유전자(foreign 유전자 또는 target 유전자) DNA 단편을 특정 제한효소로 절단하여 확보하는 것이다.

제2단계는, 외부유전자를 다른 세포로 옮기는 운반체 역할을 하는 벡터(vector) DNA를 1단계에서 사용한 같은 종류의 제한효소로 잘라 틈을 만들어 놓는 것이

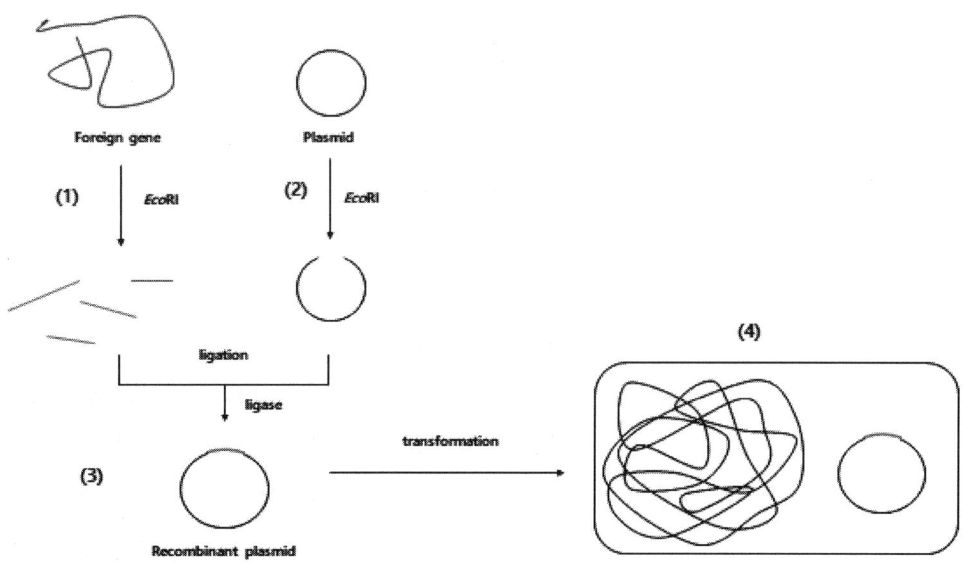

그림 24-1 ≫ 유전자 재조합 기법(recombinant DNA technology)의 모식도.

다. 벡터 물질로는 플라스미드 DNA, 또는 DNA를 유전체로 가지는 박테리오파지, 박테리오파지 DNA를 인위적으로 변형하여 만든 코스미드(cosmid), 파지미드(phagemid)의 4가지가 사용된다. 4가지 벡터 DNA 중 유전자 재조합 기법에 적합하게 변형되고 고안된 여러 종류의 플라스미드가 가장 많이 사용되고 있다. 다양한 제한효소의 인식 부위를 하나씩만 갖고 있어 제한효소 절단 후 폐쇄 환상형의 플라스미드를 외부유전자가 끼어 들어갈 틈을 하나만 가진 형태로 만들 수 있는 것들이 주류를 이루고 있다.

제3단계는 특정 제한효소 절단으로 틈이 하나 생긴 폐쇄 환상형의 플라스미드에, 역시 같은 제한효소로 절단한 외부 DNA를 끼어 집어넣는 반응이다. 같은 제한효소로 절단하여 절단 부위가 같아 염기쌍을 형성할 수 있는 두 DNA 분자를 완전한 하나의 분자로 만들어줄 수 있는 반응을 촉매하는 효소가 연결효소(ligase)이고, 연결효소에 의한 연결반응을 ligation이라 부른다. 연결반응(ligation)은 끼어 맞춰진 두 개의 제한효소 절단 단편 사이를 연결하는 phosphodiester bond를 형성하게 하여 완벽한 폐쇄 환상형 플라스미드를 형성하는 반응이다. 이렇게 연결반응을 통해 외부 DNA 단편을 가지게 된 새로이 형성된 플라스미드를 재조합 플라스미드(recombinant plasmid)라 한다.

제4단계는 재조합 플라스미드를 다른 생물 개체의 세포에 집어넣어 발현(expression)시키는 과정이다. Cohen과 Boyer의 최초 논문에서는, 항생제 내성을 보이는 R 플라스미드의 항생제 내성 유전자를 분리하여 in vitro 에서 다른 플라스미드 벡터에 연결(ligation)하고 만들어진 재조합 플라스미드 DNA를 다른 *Escherichia coli* 에 집어넣어 항생제 내성이 나타나게 발현시켰다. 이렇게 재조합 플라스미드를 다른 숙주(host)에 집어넣는 것을 형질전환(transformation)이라 하고, 외부 DNA를 갖게 된 숙주세포를 형질전환체(transformant)라 부른다. *E. coli* 의 경우 외부 DNA가 형질전환 되는 조건을 알아내는데 30년 이상의 시간이 걸려, 1967년 Hanahan에 의해 그 방법이 발표되었다. *E. coli*의 전환 과정은 다음 장에서 자세히 다루게 될 것이다.

일반적인 유전자 재조합 기법에서는 유전자를 얻으려는 유전체 DNA를 특정 제한효소로 절단한 다음 벡터 플라스미드를 역시 같은 제한효소로 절단한다. 보통 같은 제한효소로 절단한 유전체 DNA와 벡터 DNA 반응액에 남아 있는 제한효소를 제거하기 위해, 페놀과 클로로포름으로 추출하여 에탄올 침전을 수행하고 DNA 침전물을 얻는 방법을 사용한다. 일부 제한효소의 경우 65°C에서 20분간 열처리하면 제한효소 단백질이 변성되어 불활성화되므로, 이런 종류의 제한효소를 사용하는 경우 유기용매와 에탄올 침전 과정을 거치지 않고 열처리만으로 다음 과정을 수행할 수 있다.

한편 절단된 벡터 플라스미드가 자가연결(self-ligation) 되는 것을 방지하기 위해, 절단된 벡터 DNA 말단의 인산기(phosphate group)를 잘라내는 탈인산화(dephosphorylation) 반응을 수행하여야만 유전체 DNA가 끼어 들어간 재조합 플라스미드를 생성할 확률이 높아진다. 탈인산화 반응을 촉매하는 효소인 alkaline phosphatase는, 절단된 DNA의 말단에 있는 연결 효소(ligase) 반응의 기질(substrate)인 인산기를 자른다. Alkaline phosphatase에 의해 잘린 전개된 플라스미드는 자가연결 반응이 일어날 수 없고 오직 유전체 DNA 단편이 끼어 들어올 때만 연결반응이 일어나 재조합 플라스미드가 될 수 있다.

DNA 연결반응은 일반적으로 16℃에서 16시간 이상 반응시키는 것이 기본 방법으로 되어있다. 그러나 재조합 기법에 사용하는 T4 DNA 연결 효소(T4 DNA ligase)의 적정 반응 온도(optimum reaction temperature)는 37℃로 알려져 있다. 상대적으로 DNA 분해효소(DNase)의 활성이 거의 나타나지 않고 T4 DNA 연결 효소의 활성은 어느 정도 유지되는 온도인 16℃에서 오랜 시간(적어도 16시간 이상) 반응을 수행하면, 연결 효소 추출 과정 중 일부 오염되어 있을지도 모를 DNA 분해효소에 의한 폐해를 막을 수 있으므로 재조합 DNA 기법의 초창기부터 이와 같은 반응 조건을 사용하여왔다. 그러나 최근 상업적으로 생산 정제되어 판매되는 DNA 연결 효소 반응 키트(ligation kit)는 상온 또는 37℃에서 짧게는 5분에서 30분 정도 반응하여 원하는 연결반응을 얻고 있다. T4 DNA 연결 효소는 에너지원으로 ATP(adenine tri-phosphate)를 필요로 하므로 연결 효소 반응 완충액에는 반드시 ATP가 포함되어야 한다. T4 DNA 연결효소 공급자가 제공하는 완충용액에는 이미 ATP가 들어있으므로 따로 ATP를 첨가할 필요는 없을 것이다.

연결반응이 끝난 DNA 반응액 즉 재조합 DNA는 형질전환 실험을 수행할 때까지 보통 4℃에 보관 가능하며, 몇 주 또는 몇 달 보관하여도 DNA의 변형이나 파괴가 현저히 일어나지는 않는다.

25 유전형질전환

유전형질전환(genetic transformation)은 형질도입(transduction), 접합(conjugation)과 함께 박테리아의 세 가지 대표적인 유전물질 교환방법 중 하나이다. 1929년 Griffith에 의해 처음 발견되었다. Griffith는 폐렴균(*Streptococcus pneumoniae*)을 사용하여 실험하던 중, 병을 일으키지 않는 거친 모양의 콜로니 생성 균주(Rough strain; R strain)와 병을 일으키는 부드러운 모양의 콜로니 생성 균주(Smooth strain; S strain)가 있다는 것을 알게 되었다. 살아있는 R 균주와 끓여서 멸균한 S 균주의 추출액을 함께 섞어 생쥐에 주사하였을 때, 생쥐가 폐렴에 걸리게 되며 폐렴에 걸린 생쥐에서 얻어진 폐렴균은 병을 일으키는 S 균주로 변하여 있는 것을 알아냈다. Griffith는 멸균한 S 균주 추출액 속에 있던 병원성을 보이는 유전 원인물질(genetic principle)이 살아있는 R 균주에 들어가 형질을 전환 시키는 것으로 설명하였고 유전 원인물질은 DNA일 것으로 예측하였다. 1944년, Avery 등이 S 균주 멸균 추출액을 여러 종류의 유기물질 분해효소로 처리하는 생화학적 실험을 수행하여 DNA가 유전 원인물질인 것을 최종적으로 증명하였다.

유전형질전환은 박테리아가 균체 외부에 존재하는 DNA 단편(DNA fragment)을 균체 내로 유입(uptake)하여 상동 재조합(homologous recombination)을 거쳐, 유입된 DNA 단편이 갖고 있던 대립형질(allele)을 발현시키는 것이다. 박테리아가 양분 고갈 및 혹독한 조건에 직면했을 때, 마지막 수단으로 위험을 무릅쓰고 외부 DNA(foreign DNA)라도 유입하여 새로운 대립형질을 얻어 발현시켜 생존하려는 시도로 보인다.

Griffith가 형질전환 현상을 발견하였던 *Streptococcus pneumoniae*나 *Bacillus subtilis*와 같은 그람 양성균들에서는 많은 종이 살아가는 중 생육환경이 열악해지면 자연적으로 외부 DNA 단편을 받아들일 수 있는 상태로 전환되는 것이 알려졌다. 이와 같은 상태를 박테리아의 수용성 상태(competent state)라 부르고, competent state에 돌입한 박테리아 세포를 '수용성 세포(competent cells)'라 한다. *Streptococcus pneumoniae*나 *Bacillus subtilis*는 생육 중 환경에 따라 자연적으로 수용성 세포가 될 수 있다. 그러나 그람 음성균의 경우, 현재까지 *Haemophilus influenza* 만이 자연적으로 수용성 세포가 되는 것으로 알려져 있다.

미생물 및 분자생물학 실험에서 가장 많이 실험 생물체로 사용되는 *Escherichia coli* 에 외부 DNA를 도입하는 실험을 위해, 많은 연구자가 *E. coli* 의 자연적인 수용성 상태 존재 연구를 하였다. 1950년대 초 연구자들이 내린 결론은 *E. coli* 는 자연 상태로는 수용성 세포로 되지 않는다는 것이었다. 그 이후 연구자들은 실험실에서 *E. coli* 에 인위적으로 다양한 방법을 동원해 수용성 세포로 만드는 연구를 수행하였다. 드디어 1967년 Hanahan 등이 배양 중인 *E. coli*를 영양분이 없는 배지로 옮기고 얼음에 놓아두는(0℃에서 4℃) 조건에서 수용성 세포로 전환 시키는 데 성공하였다. Cohen과 Boyer도 최초로 유전자 재조합 기법을 수행하는 연구에서 이 방법으로 그들의 재조합 DNA를 *E. coli* 에 집어넣을 수 있었다.

(A) 수용성 세포(competent cells) 제조

일반적으로 박테리아는 외부 DNA를 엄격히 제한(restriction)하는 경향이 있으나, 수용성 상태(competent state)에서는 외부 DNA를 균체 내로 쉽게 유입할 수 있는 생리적 상태로 바뀐다. 앞에서 언급한 그람 양성균인 *Streptococcus pneumoniae* 나 *Bacillus subtilis*는 생장곡선의 지수기 후반부(late log phase)에 도달하면 자연적으로 전체 또는 일부 세포들이 수용성 상태로 되는 것이 알려져 있다. 그러나 실험실에서 연구 재료로 많이 사용하는 *E. coli*는 자연적으로 수용성 상태로 되는 시기가 전혀 알려지지 않아, 유전자 재조합 기법에서 재조합 플라스미드 DNA를 다시 *E. coli* 에 도입하는 데 어려움을 겪었다. 인위적으로 *E. coli*의 수용성 상태를 유도하는 방법을 연구하여 거의 20여 년이 흐른 후, 1967년 Hanahan 등이, 초기 지수기(early log phase)에 있는 *E. coli* 세포들을 0.1M $CaCl_2$가 함유된 증류수에 옮기고 얼음 위에 놓아두면 외부에서 섞어 준 DNA를 균체 내에 받아들이는 인위적인 수용성 세포로 되는 것을 알아내었다. 이러한 *E. coli*에 대한 인위적인 수용성 상태 유도 방법이 개발됨에 따라, 드디어 1973년에 Cohen과 Boyer가 최초로 유전자 재조합 기법을 수행하는 혁명적인 일이 가능하였다. 흔히 $CaCl_2$ 방법이라 부르는 Hanahan 방법이 개발된 다음, DMSO를 이용한 방법, RuCl을 이용한 방법 등 Hanahan 방법보다 효율이 향상된 방법이 개발되었다. 그러나 여전히 시약 제조의 편이성과 경제성 때문에 $CaCl_2$ 방법이 가장 많이 쓰이는 방법이다.

최근에는 강력한 전하를 짧은 시간 동안 가하여 세포벽(cell wall)과 세포막(cell membrane)에 충격을 주는 사이 외부 DNA가 세포 내로 들어갈 수 있도록 하는 전기천공법(electroporation)도 개발되었다. 이 방법은 원래 식물이나 동물 세포와 같은 커다란 진핵세포(eukaryotic cell)를 대상으로 외부 DNA를 집어넣도록 고안되었다. 크기가 작은 박테리아 세포의 경우, 10,000V/cm 이상의 강력한 전하를 짧은 시간 동안 발생시키는 장치가 개발된 후, 이러한 전기천공법이 널리 이용되고 있다. 전기천공법에 쓰이는 세포는 수용성 세포 제조와 비슷하게, 중기 지수기(mid log phase)에 있는 배양액을 원심분리 하여 멸균된 증류수에 고농도로 녹이면 얻을 수 있다. 편의성을 위해 한 번에 많은 양을 만들고 1회 실험에 필요한 양 만큼씩 나누어 급속 냉동 후 －70℃에 보관하며 사용한다. 이러한 전기천공법을 이용하면, 자연 상태의 competent state를 보이지 않는 그람 양성균 또는 대부분의 그람 음성균에 외부 DNA를 도입하여 형질전환 시키는 것이 가능하다.

보통 실험실에서 $CaCl_2$ 방법을 이용하여 *E. coli*의 수용성 세포를 제조하고 사용할 때는, 수용성 상태 그대로 －70℃에 보관하며 사용한다. 박테리아 균체는 −70°C 이하로 급속 냉동을 하여 보관하면 그 활성이 정지된 채 동면하여 있다가, 필요할 때 온도를 올려주고 영양 배지를 공급하면 다시 정상적인 대사와 생장, 분열하는 성질을 가지고 있다. 이를 응용하여 일단 수용성 상태로 유도된 세포들을 그 상태로 급속 냉동하여 초저온 냉동고(deep freezer)에 보관하다, 유전자 재조합 기법을 위해 재조합 플라스미드를 도입하는 시점에 초저온 냉동고에서 꺼내 사용하는 것이 일반적이다. 이때 급속한 냉동 과정에서 생기는 얼음의 날카로운 결정 때문에 박테리아 균체가 손상되는 것을 방지하기 위해 빙점강하를 유도하는 글리세롤(glycerol) 등을 15% 정도 되게 첨가한다. 이러한 보관법의 발달로 한 번에 많은 양의 수용성 세포를 만들어 나누어 놓고 보관하며 꺼내어 여러 차례 실험에 사용할 수 있으므로, 매번 필요할 때마다 수용성 세포를 제조하는 시간과 노력의 낭비를 막을 수 있다. 최근에는 여러 회사가 이렇게 제조한 고효율의 냉동 수용성 세포를 판매하고 있다.

(B) 수용성 세포(competent cell)를 사용한 형질전환

유전자 재조합 기법에서 조작된 재조합 플라스미드를 새로운 *E. coli* 숙주세포에 도입하려면, 인위적으로 제조된 *E. coli* 수용성 세포를 사용하여 재조합 플라스미드와 함께 섞어 주면 된다. (A)항과 같은 방법으로 제조하여 －70℃에서 보관 중인 수용성 세포를 필요한 때에 다시 녹여 얼음 위에 놓아둔 상태에서 도입하려는 외부 DNA(또는 재조합 플라스미드)를 섞어 주고 30분 정도 시간을 준다. 수용성 세포를 42℃로 옮겨 약 2분 정도 열 충격(heat shock)을 주게 되면 원하는 재조합 플라스미드가 세포 내로 들어가게 된다. 이에 대한 미생물 생리학적인 세부적인 작용 기작은 아직 명확히 알려지지 않았다.

재조합 플라스미드가 수용성 세포 내로 제대로 도입되었는지를 쉽게 알기 위해, 유전자 재조합 기법에서는 항생제 내성(antibiotic resistance) 유전자나 중금속에 대한 내성 유전자 등을 선택적 표식(selective marker)으로 가지는 벡터 플라스미드를 사용한다. 일반적으로 선택 배지를 만들기 쉬운 항생제 내성 유전자를 가진 플라스미드를 유전자 재조합 기법 실험에 많이 사용하고 있다.

제 II 부

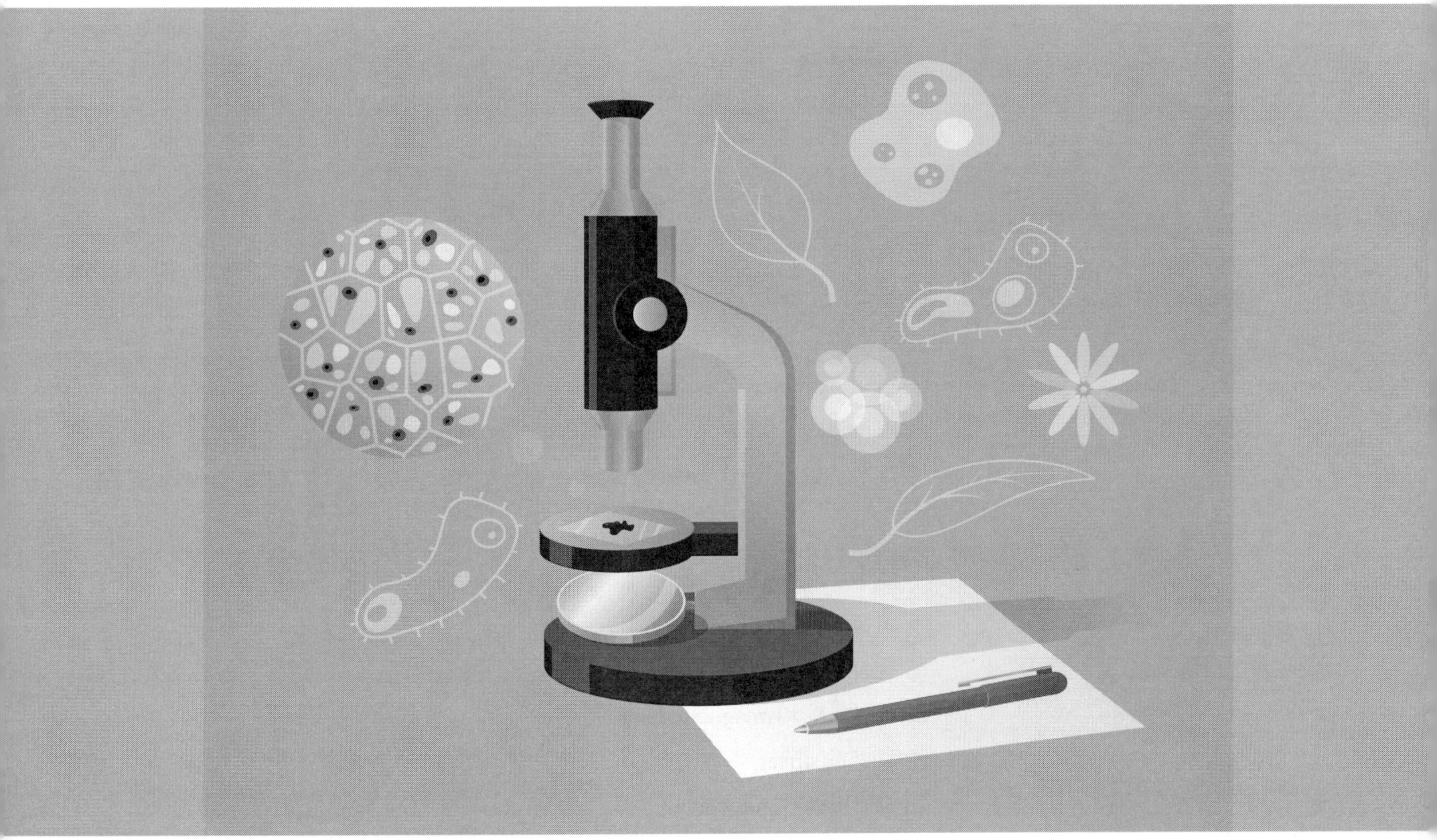

실험 01

미생물 배지의 준비, 멸균법

(A) LB 배양액(Luria-Bertani broth)과 NB 배양액(Nutrient broth) 제조

배지조성

① LB 배양액

per 1 liter;

Tryptone 10g, Yeast extract 5g, NaCl 10g

② NB 배양액

per 1 liter;

Beef extract 3g, Peptone 5g

재료

① Tryptone

② Yeast extract

③ NaCl

④ Beef extract

⑤ Peptone

⑥ D.W. (deionized water)

기기 및 기구

① 저울(weighing machine)

② 플라스크 또는 시약병

③ 마그네틱 바(magnetic bar)

④ 교반기(stirrer)

⑤ 고압멸균기(autoclave)

⑥ 멸균 테이프

실험방법

① 각 조성물질을 저울에 달아 적당량의 증류수가 담긴 플라스크(또는 시약병)에 넣고 마그네틱 바(magnetic bar)를 넣은 후 회전 교반기 위에서 잘 녹게 한다.

② 조성물질이 완전히 녹은 시약병을 고압멸균기에 넣고 멸균한다. 이때 병마개를 느슨하게 닫아야 하고, 멸균 테이프가 있다면 작은 조각으로 잘라 부착한다(멸균 테이프는 멸균과정 중 일정 온도와 압력이 도달되면 멸균 후 까만 줄무늬가 나타나므로, 멸균기가 제대로 작동하여 멸균이 제대로 되었는지 확인할 수 있게 하여줌).

③ 멸균이 끝난 후 병마개를 완전히 닫아 다음 실험에 사용할 때까지 상온에 보관한다.

(B) L-agar(LA) 플레이트와 Nutrient agar(NA) 플레이트 제조

배지조성

① LA 플레이트

per 1 liter;

Trypton 10g, Yeast extract 5g, NaCl 10g, Agar 15g (1.5% agar)

② NA 플레이트

per 1 liter;

Beef extract 3g, Peptone 5g, Agar 15g (1.5% agar)

재료

① Tryptone

② Yeast extract

③ NaCl

④ Beef extract

⑤ Peptone

⑥ Agar

⑦ D.W.(deionized water)

기기 및 기구

① 저울(weighing machine)
② 플라스크 또는 시약병
③ 마그네틱 바(magnetic bar)
④ 교반기(stirrer)
⑤ 고압멸균기(autoclave)
⑥ 멸균 테이프
⑦ 항온 수조(water bath)
⑧ 멸균 배양접시(Petri dish or plate)

실험방법

① LB 배양액과 NB 배양액 제조와 같이 agar를 제외한 조성물질을 녹인 후 agar를 첨가하고 고압멸균기에 멸균한다.
② 멸균이 끝난 시약병을 상온에 놓아두어 식히거나 60℃로 맞추어진 항온수조에 넣어 온도를 떨어뜨린다.
③ 일회용 멸균 배양접시(Petri dish)를 포장지에서 꺼낸 후, 뚜껑을 열고 전체 높이의 반 정도 차도록 식어진 멸균 배양액을 부은 후 바로 뚜껑을 닫아 그 상태로 굳어지게 한다. 멸균 배양접시에 붓는 중에 말을 하거나 웃으면 제조하는 플레이트가 오염될 가능성이 있으므로 주의한다.
④ 30분 이상 실험대에 놓아두어 굳어진 플레이트를 다시 비닐 포장지에 넣고 밀봉하여 다음에 사용할 때까지 상온 또는 냉장 보관한다.
⑤ 냉장 보관 중인 플레이트를 사용할 시에는 최소한 사용하기 2시간 전에 상온에 꺼내놓아야 한다. 냉장 보관 중인 플레이트를 바로 사용하고 37℃ 배양기에서 배양하면 플레이트 안의 수분이 갑자기 증발하여 기포를 형성하므로 다음 날 플레이트에 형성된 콜로니와 분별이 어려울 수 있다.

결과

(A) LB 배양액(Luria–Bertani broth)과 NB 배양액(Nutrient broth) 제조

① 멸균 후 멸균 테이프의 줄무늬가 나타났는지 확인 후 상온에 보관.

(B) L–agar(LA) 플레이트와 Nutrient agar(NA) 플레이트 제조

① 플레이트를 붓고 난 다음 굳어진 플레이트를 냉장 상태로 보관.

고찰 사항

1. 전자저울의 사용법을 알아본다.

2. Agar의 원료는 무엇인가?

3. Agar와 agarose의 차이점은 무엇인가?

4. Petri dish 형태 플레이트가 외부 균 침입을 막을 수 있는 디자인상(형태적인) 특징은 무엇인가?

실험 02 순수배양

이번 실험에서는 순수배양(pure culture) 방법을 위한 훈련으로, 실험 1에서 준비한 LA 플레이트를 사용하여 그 위에 미생물의 단일 콜로니(single colony)를 얻는 방법들을 직접 실험을 통해 익히게 될 것이다.

(A) 스트리크 플레이트(streak plate) 방법

재료

① 밤새 배양한 *E. coli* 배양액
② LA 플레이트

기기 및 기구

① 백금이(loop)
② 알코올램프
③ 배양기

실험방법

① 백금이를 알코올램프의 불꽃에 달구어 붉게 될 때까지 멸균한다. 이때 불꽃의 가장 높은 쪽(푸른빛이 나며 온도가 가장 높음)에 달구는 것이 단시간에 멸균 효과를 얻을 수 있다. 이러한 작업이 백금이를 멸균 상태로 만드는 가장 간단한 무균조작이라 할 수 있다.
② 일단 붉게 달궈진 백금이를 불꽃 근처에서 약 5초 내지 10초 간 식힌다.
③ 백금이를 밤새 배양한 *E. coli* 배양액에 담궈 배양액이 백금이의 둥근 원 부위에 얇게 막을 이루도록 한 후, 이를 멸균된 LA 플레이트 위에 옮겨 아래 그림과 같은 방식으로 긁는다(그림 2-1 참조).

그림 2-1 ≫ 스트리크 방법의 모식도

④ 이때 한 방향으로 긁고 난 후 다시 백금이를 ①, ②항 순서에 따라 멸균한다. 멸균된 백금이를 처음 긁은 부위의 제일 마지막 흔적에 댄 후 방향을 바꾸어 여러 차례 긁는다. 전에 긁은 부위의 마지막 부분은 긁어진 부분에 묻어 있는 미생물 수가 가장 적은 부위이므로, 이곳으로부터 시작하여 방향을 바꿔 긁게 되면 긁어지는 미생물의 수를 희석하는 효과를 보게 되는 것이다.

⑤ 긁는 방향을 바꿀 때마다, 백금이를 ①, ②항 순서에 따라 멸균한다. 대개 3에서 4회 방향을 바꿔 긁게 되면, 처음 긁을 때 옮겨진 배양액이 계속 충분히 희석되어 3 또는 4회 방향을 바꾼 긁은 자리에서 단일 콜로니를 얻게 될 것이다.

⑥ 스트리크를 끝낸 플레이트는 뚜껑이 아래로 오도록 뒤집어서 37℃ 배양기에 집어넣고 밤새 배양한다.

⑦ 다음 날 아침 플레이트에 나타난 콜로니를 관찰한다.

(B) 도말 플레이트(spreading plate) 방법

재료

① 밤새 배양한 *E. coli* 배양액

② LA 플레이트

기기 및 기구

① 알코올램프

② 스프레더(spreader)

③ 마이크로 피펫맨 세트
④ 배양기

실험방법

① 마이크로 피펫을 사용하여 밤새 배양한 *E. coli* 배양액을 희석한 희석액 100 ㎕를 LA 플레이트 위에 떨어뜨린다.
② 스프레더를 알코올램프의 불꽃에 달구어 멸균한다. 만일 멸균된 일회용 스프레더를 사용한다면 이 과정은 필요 없을 것이다.
③ 뜨겁게 달구어진 스프레더를 알코올램프 주위에서 식힌다.
④ 식은 스프레더로 플레이트 위에 떨어뜨린 배양액을 플레이트 전체 표면에 골고루 퍼지도록 둥글게 회전시킨다.
⑤ 스프레더로 배양액을 분산시키는 중 점차 스프레더를 돌리는 손에 빽빽한 마찰이 느껴지게 된다면, 배양액이 표면에 고르게 퍼져 스며드는 것이다. 빽빽한 마찰이 심하게 느껴지면 스프레더의 회전을 멈추고 플레이트의 뚜껑을 덮는다. 이때 계속 스프레더를 돌리면 마찰 때문에 플레이트 표면이 찢어질 수 있으므로 주의하여야 한다.
⑥ 뚜껑을 닫은 플레이트는 뚜껑이 아래로 오도록 뒤집어서 37℃ 배양기에 집어넣고 밤새 배양한다.
⑦ 다음 날 아침 플레이트에 나타난 콜로니를 관찰한다.

(C) 액체 배양액 접종 (계대배양; subculture)

재료

① 밤새 배양한 *E. coli* 배양액
② LB 배양액: 20㎖의 LB 배양액을 125㎖ 삼각플라스크에 넣고 솜 마개(cotton plug)로 막은 후 멸균한 것

기기 및 기구

① 마이크로 피펫맨 세트
② 진탕 배양기(shaking incubator)

실험방법

① 마이크로 피펫을 사용하여 밤새 배양한 *E. coli* 배양액 5㎕를 취한다.

② 20㎖ LB 배양액이 들어있는 멸균된 125㎖ 삼각플라스크의 솜 마개를 조심스럽게 열고 한 손으로 잡은 후 ①항에서 취한 배양액을 마이크로 피펫으로 옮긴다.

③ 삼각플라스크를 진탕 배양기(shaking incubator)로 옮기고 37℃, 180rpm으로 흔들며 밤새 배양한다. 이때 배양액을 옮겨 넣지 않은 멸균된 솜 마개로 막은 20㎖ LB 배양액이 들어있는 125㎖ 삼각플라스크도 같이 진탕 배양기에 넣고 똑같은 조건으로 밤새 배양한다(negative control; 음성 기준).

④ 다음 날 아침 배양액의 혼탁 여부를 관찰한다.

결과

(A) 스트리크 플레이트(streak plate) 방법

① 배양 후 플레이트에 스트리크 한 부분에서 단일 콜로니가 나타났는지 관찰.

(B) 도말 플레이트(spreading plate) 방법

① 배양 후 플레이트 위에 단일 콜로니가 나타났는지 관찰.

(C) 액체 배양액 접종 (계대배양; subculture)

① 진탕 배양 후 접종한 삼각플라스크와 음성 기준 삼각플라스크(negative control)의 혼탁 여부 관찰.

고찰 사항

1. 스트리크 플레이트 방법에서, 3에서 4회 멸균하며 방향을 바꿔 스트리크 하는 이유는 무엇인가?

2. 도말 플레이트 방법에서, 밤새 배양한 배양액(보통 10^8/㎖ 이상의 박테리아 세포 농도)을 희석하여 그중 일부를 스프레딩 하는 이유는 무엇인가?

3. 계대배양에서 반드시 negative control(음성 기준)을 같이 배양하는 이유는 무엇인가?

실험 03

우리 주변에 상존하는 미생물

이 실험에서는 우리 주위의 환경에서 쉽게 얻을 수 있는 물질이나 표면에 상존하는 미생물의 존재를, 간단한 배양을 통해 콜로니로 확인하게 될 것이다.

(A) 토양에 있는 미생물

재료

① 실험실 근처 토양에서 채취한 시료
② 영양 배지액(Nutrient broth)
③ NA 플레이트(Nutrient agar plate)
④ LA 플레이트(Luria−Bertani agar plate)

기기 및 기구

① 일회용 멸균 튜브(15㎖)
② 알코올램프
③ 백금이
④ 배양기

실험방법

① 실험실 근처 화단이나 운동장 등 포장이 안 된 곳에서 15㎖ 멸균 튜브의 뚜껑을 열고 재빨리 토양 일부를 튜브 안에 담는다. 토양을 담은 후 곧 뚜껑을 돌려 닫고 바로 실험실에 돌아온다.
② 튜브 뚜껑을 열고 3㎖의 멸균 영양 배지액을 가하고 뚜껑을 닫은 다음 잘 흔들어서 담긴 토양과 영양 배지액이 잘 섞이도록 한다.
③ 튜브를 약 5분 동안 그대로 놓아두어 토양이 가라앉도록 한다.
④ 용액을 마이크로 피펫으로 옮겨 NA 플레이트에 플레이팅 하거나, 불꽃으로 멸균된 백금이로 용액을 묻혀 NA 플레이트에 스트리크 한다.

⑤ 플레이트를 37℃ 배양기에 넣고 배양한다.

⑥ 다음날 플레이트에 나타난 다양한 콜로니를 관찰한다.

(B) 김치에 상존하는 유산균 관찰

배지조성

① MRS 배지(개발자인 de Man, Rogosa and Sharpe의 첫 자를 따서 부름)

per 1 liter;

Peptone 10g, Beef extract 10g, Yeast extract 5g, Dextrose 20g, Polysorbate 1g, Ammonium citrate 2g, Sodium acetate 5g, Magnesium sulfate 0.1g, Manganese sulfate 0.05g, Dipotassium phosphate 2g

② MRS plate플레이트

per 1 liter;

MRS 배지 조성물질을 녹인 후 agar 15g (1.5% agar)을 가함.

재료

① 잘 익은 포기김치의 국물

② MRS 배양액: 유산균 선별 배지

③ MRS 플레이트

기기 및 기구

① 일회용 멸균 튜브 (15㎖)

② 마이크로 피펫맨 세트

③ 백금이

④ 배양기

실험방법

① 15㎖ 멸균 튜브의 뚜껑을 열고 재빨리 잘 익은 포기김치의 국물을 담는다.

② 마이크로피펫을 사용하여 50㎕의 김치 국물을 3㎖의 MRS 액체배양액이 들어있는 15㎖ 멸균 튜브로 옮긴다.

③ 튜브를 30℃ 배양기로 옮기고 정치 배양하며 배양액의 혼탁도를 관찰한다. 유산균의 경우 생장 속도가 느리므로 2일에서 3일 후가 되어서야 배양액이 혼탁할 정도로 생장이 관찰되는 경우가 흔하다.

④ 튜브가 혼탁하게 된 것이 관찰되면, 불꽃으로 멸균된 백금이로 배양액을 묻혀 MRS 플레이트에 스트리크 한다.

⑤ 플레이트를 30℃ 배양기에 넣고 콜로니가 나타날 때까지 배양한다.

(C) 화장실 변기 커버에 상존하는 미생물

재료

① 실험실 근처 화장실 변기 커버
② 영양 배지액(Nutrient broth)
③ NA 플레이트(Nutrient agar plate)

기기 및 기구

① 일회용 멸균 튜브 (15 ㎖)
② 멸균된 면봉(swab)
③ 알코올램프
④ 마이크로 피펫맨 세트
⑤ 스프레더
⑥ 배양기(incubator)

실험방법

① 멸균된 면봉으로 실험실 근처 화장실의 변기 커버를 서너 차례 문지른 다음, 1㎖의 NB broth가 담겨있는 15㎖ 멸균 튜브에 약 1분간 면봉을 담가 둔다.

② 면봉을 조심스럽게 제거한 다음, 마이크로 피펫을 사용하여 100㎕의 영양 배지액을 NB 플레이트에 옮긴다.

③ 불꽃으로 멸균된 스프레더로 플레이트 위에 고르게 도말 한다.

④ 플레이트를 37℃ 배양기에서 밤새 배양하고, 다음날 콜로니 생성 여부를 관찰한다.

결과

(A) 토양에 있는 미생물

① 배양 후 다음날 나타난 콜로니의 다양성을 기록한다. 콜로니의 다양성이란 각 콜로니의 색, 외양적인 형태, 크기 등을 말하는 것이다.

(B) 김치에 상존하는 유산균 관찰

① 배양 후 다음날 나타난 콜로니의 다양성을 기록한다.

(C) 화장실 변기 커버에 상존하는 미생물

① 배양 후 다음날 나타난 콜로니의 다양성을 기록한다.

고찰사항

1. 다양한 콜로니가 나타난 시료일수록 그 시료 안에 다양한 종의 미생물이 서식하고 있는 것을 뜻하는 것인가?

2. 우리가 사용한 NA 플레이트(토양, 화장실 변기 커버), MRS 플레이트(김치)에서 자라고 콜로니를 형성할 수 있는 미생물만 나타난 것이므로 이것만으로 전체 시료의 다양성을 논할 수 없다는 것을 알아야 하는데, 그 이유는 무엇인가?

실험 04 현미경 사용

이번 실험에서는, 박테리아를 단순염색법으로 처리하여 복합광학현미경을 통해 관찰하며 시료의 단순염색과 현미경 사용법을 익히고, 이를 통해 다음 실험에서 차등염색법 중 하나인 그람 염색을 수행하게 될 것이다.

(A) 박테리아 시료의 단순염색

재료

① 밤새 배양한 *E. coli* 배양액

② Crystal violet solution(크리스탈 바이올렛 용액):

Solution A: 95 % ethanol 20㎖에 crystal violet 2g을 녹임.

Solution B: D.W. 80㎖에 ammonium oxalate 0.8g을 녹임.

Solution A와 B를 mix.

기기 및 기구

① 슬라이드 글라스

② 알코올램프

③ 백금이

실험방법

① 균주 배양액을 백금이로 떠서 잘 닦은 슬라이드 글라스 위에 도말 한다.

② 도말 된 부위를 알코올램프 불꽃 위에 몇 번 통과시켜 완전히 건조 시킨다.

③ 건조된 부위 위에 크리스탈 바이올렛 용액 몇 방울을 떨어뜨리고 20초 정도 유지 시킨 후, 싱크대에서 약하게 흐르는 물(running water)이 염색된 부위의 반대쪽으로 닿도록 하여 세척 한다.

④ 여분의 물기를 킴와이프로 톡톡 쳐서 닦은 후 건조 시킨다.

(B) 현미경 관찰

재료

① (A)항에서 준비한 박테리아 시료 슬라이드

기기 및 기구

① 광학현미경

현미경 취급 주의 사항

실험시간에 광학현미경을 취급할 때 주의할 점을 간단하게 정리하였다.

첫째, 현미경을 운반할 때는, 아래쪽을 한 손으로 받히고 다른 손으로 현미경의 경통을 잡은 후 품에 감싸 안은 채로 이동한다.

둘째, 현미경은 실험대의 평평한 곳에 놓고, 주위에 다른 물건(책이나 옷 등)이 현미경과 얽혀 현미경이 실험대에서 떨어지지 않도록 모두 치워 놓는다.

셋째, 현미경을 사용하고 난 다음 현미경의 렌즈를 먼지가 날리지 않도록 제조된 적절한 렌즈 티슈(lens tissue)를 사용하여 깨끗이 닦도록 한다.

실험방법

① (A)항에서 준비한 박테리아 시료 슬라이드를 재물대에 놓고 슬라이드가 중앙에 오도록 조정한다.

② 광원을 켠다.

③ 조동나사를 돌려 재물대 위의 슬라이드가 대물렌즈에 거의 닿을 때까지 조심스럽게 올린다.

④ 대안렌즈를 들여다보며 조동나사를 천천히 돌려 대물렌즈가 조금씩 시료로부터 멀어지게 하면서 상이 잡히는지를 본다.

⑤ 일단 흐릿하게 상이 잡히면 미동나사를 앞뒤로 천천히 돌려가면서 명확한(초점 잡힌) 상이 잡히도록 초점을 맞춘다.

⑥ 초점 잡힌 상을 관찰한다. 사진장치가 준비되어 있으면 사진을 찍는다.

결과

① (A)항에서 염색한 슬라이드를 광학현미경에 올리고 관찰.

고찰사항

1. 크리스탈 바이올렛 염색약은 어떤 일반적인 원리로 박테리움 세포에 붙어 염색할 수 있는가?

2. 우리가 40배 대물렌즈를 사용하여 관찰하였다면, 이때 우리가 관찰한 총 배율은 몇 배인가?

실험 05

그람 염색법

이번 실험에서 사용하게 될 박테리아 시료(sample)는 특정 박테리아의 순수 배양체(pure culture)이다. 실험실에서는 보통 자연계에 존재하는 수많은 종류의 미생물이 섞여 있는 혼합배양(mixed culture) 상태에서 한 종류의 미생물만을 가려낸 순수 배양체를 준비하여 계대하며 연구에 사용하고 있는데, 이것을 종균(stock culture)이라 한다. 종균의 일부를 멸균된 액체 배양액에 넣어주고 최적 생육 온도를 맞추어 주면 박테리아가 생장 분열을 거듭하여 이번 실험에 쓰이는 시료와 같이 혼탁한 배양액이 될 것이다. 이러한 배양액 극소량을 취하여 광학현미경 하에서 그람 염색기법을 통해 박테리아를 관찰하게 된다.

재료

① 밤새 배양한 *Escherichia. coli* 배양액: 그람 음성균
② 밤새 배양한 *Staphylococcus aureus* 배양액: 그람 양성균
③ Crystal violet 용액
④ 5% Iodine 용액:
D.W. 300㎖에 potassium iodine 2g을 녹인 후 iodine 결정체 1g을 첨가함.
⑥ Safranin 용액:
safranin O (95% ethanol에 2.5% 용액으로 만든 것) 10㎖ 과 D.W. 100㎖을 섞음.
⑦ 95% Ethanol
⑧ 킴와이프

기기 및 기구

① 슬라이드 글라스
② 알코올램프
③ 백금이
④ 광학현미경

실험방법

① 균주 배양액을 백금이로 떠서 잘 닦은 슬라이드 글라스 위에 도말 한다.

② 도말 된 부위를 알코올램프 불꽃 위에 몇 번 통과시켜 완전히 건조 시킨다.

③ 건조된 부위 위에 crystal violet 용액 몇 방울을 떨어뜨리고 20초 정도 유지 시킨 후 싱크대에서 약하게 흐르는 running water가 염색된 부위의 반대쪽으로 닿도록 하여 세척 한다.

④ Iodine 용액을 1 −2 방울 떨어뜨려 약 1분 간 유지 시킨다.

⑤ 싱크대에서, 95% 에탄올을 염색된 부위의 반대쪽으로 흘려보내 세척 한다.

⑥ 싱크대에서 약하게 흐르는 물(running water)이 염색된 부위의 반대쪽으로 닿도록 하여 잠시 세척 한다.

⑦ Safranin 용액을 1−2 방울 가하고 약 20초 간 유지 시킨다.

⑧ 싱크대에서 약하게 흐르는 물(running water)이 염색된 부위의 반대쪽으로 닿도록 하여 잠시 세척 한다.

⑨ 여분의 물기를 킴와이프로 톡톡 쳐서 닦은 후 건조 시킨다.

⑩ 현미경에 슬라이드 글라스를 올리고 40X 대물렌즈로 관찰한다.

결과

① *E. coli*의 그람 염색 후 현미경 관찰

② *Staphylococcus aureus*의 그람 염색 후 현미경 관찰

고찰사항

1. 매염제의 역할은 무엇인가?

2. 대조염색을 하는 이유는 무엇인가?

실험 06

생균수 측정법

(A) 평판계수법(도말; spreading)

재료

① 밤새 키운 *E. coli* 배양액

② LB(Luria–Bertani) 배양액

③ LA 플레이트(LB agar plate)

기기 및 기구

① 마이크로 피펫맨 세트

② EP 튜브

③ 알코올램프

④ 스프레더

⑤ 배양기

실험방법

① 먼저 배양액의 농도를 추정한다. 일반적인 밤새 키운 배양액의 농도는 10^8 에서 10^9 cells/㎖로 생각되며, 배양액의 탁도(turbidity)를 보고 10^8 인지 10^9 인지를 추정할 수 있다.

② 일반적으로 마지막 희석액 중 0.1㎖을 플레이트에 도말 하여 20에서 300개의 콜로니가 나타나도록 희석하므로, 이를 토대로 얼마를 곱하여야 추정치가 되는지를 생각하여 희석배수(dilution factor)를 구한다. 생균의 농도는 [콜로니 개수]/㎖ 을 단위로 사용하고 마지막 희석액 중 실험 편의상 0.1㎖만을 사용하므로 실제 총 희석배수를 추정할 시에는 항상 생각한 희석배수에 10배를 더 곱하여, 마치 플레이트에 200에서 3,000개의 콜로니가 나타나는 것으로 계산하는 것이 편리하다. 예를 들어 배양액을 1 x 10^8/㎖로 추정하고 희석 후 0.1㎖을 도말 하여 플레이트에 100개의 콜로니가 생성되도록 희석

하기를 원하면, 플레이트에 1,000개의 콜로니가 나타나는 것으로 생각하여 (최종 희석액의 0.1㎖만 취하였으므로, 1㎖당으로 환산하기 위해 10을 곱하여) 배양액 추정치, 1 x 10^8/㎖ 을 1,000 (=10^3)으로 나누면 10^5의 희석배수를 얻을 수 있다.

③ 희석배수가 구해지면, 몇 배의 희석 방법과 몇 번의 희석을 연속으로 수행할 것인가를 결정한다. 예를 들어 10^5의 희석배수를 구하였다면, 이것을 100(=10^2) x 100(=10^2) x 10으로 할 것인지 1,000(=10^3) x 100(=10^2) 으로 할 것인지를 결정한다. 이것은 일정한 규칙이 있는 것이 아니며 실험상황에 따라 정하면 되는 것이다.

④ 정해진 희석 회수에 필요한 수만큼 희석 용기를 준비한다. 이때 희석액의 부피를 얼마로 할 것인지를 결정하여야 한다. 즉 마지막 희석액을 5개의 플레이트에 0.1㎖씩 스프레딩 할 예정이면 마지막 희석액은, 0.1㎖ x 5 = 0.5㎖ 이상 되도록 준비하여야 하므로, 마지막 희석액의 부피는 최소한 0.5㎖ 이상 되어야 한다. 예상된 희석액 부피가 되도록 각 희석 용기에 희석액을 넣는다. 희석액으로는 LB 배양액이나 생리식염수(0.9%)를 사용할 수 있다. 본 실험에서는 LB 배양액을 사용하여 희석액들을 준비한다.

⑤ *E. coli* 밤새 배양액에서 계산된 양(예를 들어 100배 희석액 990㎕가 희석 용기에 준비되어 있다면, 배양액에서 10㎕를 취하여 섞으면 전체 용액은 1,000㎕가 되고 그 중 배양액이 10㎕를 차지하므로 100배 희석이 완성됨)만큼을 첫 번째 희석 용기에 넣고 잘 섞는다. 대부분 경우 1㎖ 이하의 미량 용액을 옮기게 되므로 마이크로 피펫맨 세트를 사용하게 된다. 섞여진 첫 번째 용기로부터 역시 계산된 일정량을 취하여 두 번째 희석 용기에 넣고 잘 섞는다. 이때 마이크로 피펫맨의 팁(tip)을 새것으로 교환하여야 한다. 처음 배양액에서 사용한 팁에는 여전히 많은 양의 박테리아가 묻어 있으므로 이것을 그대로 사용하면 다음번 희석 용기에 계획된 일정량에 들어있는 박테리아 보다 훨씬 많은 양의 박테리아가 옮겨지게 되 원하는 희석이 될 수 없다.

⑥ 두 번째 희석 용기에서 세 번째로 옮기는 작업을 수행하여 원하는 희석배수를 얻는다. 이렇게 원하는 희석배수를 얻을 때까지 계속 희석하는 것을 연속희석(serial dilution)이라 한다.

⑦ 계획된 연속 희석을 마친 후, 마지막 희석 용기의 희석액에서 통상 0.1㎖을 취하여 플레이트 위에 떨어뜨리고 스프레더로 도말 한다. 통계학적으로 유의성을 가질 수 있게 2개 이상의 플레이트에 스프레딩 한다.

⑧ 스프레딩 한 플레이트를 그 박테리아가 가장 잘 자라는 온도로 조절된 배양기에 넣고 밤새 배양한다. 이때 배양접시 뚜껑이 아래쪽에 오도록 뒤집어 놓는다. 이렇게 해야 배양 중 생기는 수분이 아래쪽 뚜껑에 떨어져 배양접시 표면에 영향을 주지 않게 된다.

⑨ 다음날 배양이 끝난 배양접시들에 나타난 콜로니를 세어 간단한 평균치를 구하고 희석배수를 곱하고 10을 더 곱하여 최종적인 배양액의 농도를 구한다. 배양액의 농도는 [콜로니 개수]/㎖로 표시하는데, 우리가 마지막 희석액 중 0.1㎖만을 취하여 도말 하였기 때문에 이를 보정 하기 위해 10을 곱하는 것을 잊지 않는다.

(B) 주가평판법(soft top agar 붓기)

배지조성

① Soft top agar(연한천)

per 1 liter;

Trptone 2g, agar 7g.

시약병에 넣어 멸균하고 반고체 상태로 보관한다. 필요할 때 마이크로웨이브 오븐(microwave oven)으로 녹여 액체 상태로 되게 한 후, 55℃ 정도로 고정된 고온유지기(heating block)에 미리 꽂아 놓아 예열된 멸균 튜브에 피펫을 사용하여 3㎖씩 나눠 놓는다. 90㎜ 플레이트에 부어 위층을 형성하려면 적어도 3㎖의 soft top agar가 필요하므로 1개의 플레이트용으로 튜브당 3㎖씩 나누어 놓는 것이다.

재료

① 밤새 키운 *E. coli* 배양액

② LB(Luria–Bertani) 배양액

③ LA 플레이트(LB agar plate)

④ Soft top agar

기기 및 기구

① 마이크로 피펫맨 세트
② EP 튜브
③ 피펫
④ 15㎖ 멸균 튜브
⑤ 마이크로웨이브 오븐(microwave oven)
⑥ 고온 유지기(heating block)
⑦ 배양기(incubator)

실험방법

① 멸균 후 반고체 상태로 보관 중인 soft top agar를 전자레인지로 녹여 액체 상태로 만든 후, 55℃ 정도로 고정된 고온유지기에 꽂아 놓은 15㎖ 멸균 튜브에 피펫을 사용해 3㎖씩 나눠 놓는다. 가해진 soft top agar 용액이 55℃로 낮춰질 수 있도록 충분한 시간을 준다(보통 10분 정도 지나면 55℃ 정도가 됨).
② 실험 (A)의 ①항에서 ⑥항까지와 같이하여 연속희석 한 후, 마지막 희석액에서 0.1㎖을 따서 고온 유지기에 꽂아 놓은 soft top agar 용액에 넣는다.
③ 신속하게 튜브를 고온 유지기에서 빼서 손바닥으로 2에서 3회 비벼주어 내용물이 잘 섞이게 한 후, 뚜껑을 연 채로 실험대 위에 놓은 LA 플레이트 위에 신속하게 잘 퍼지도록 붓는다. 이때 플레이트를 한 손으로 들고 내용물이 쏟아지지 않도록 좌우로 천천히 서너 차례 흔들어 준다. 통계학적으로 유의성을 가질 수 있게 마지막 희석액을 2개 이상의 플레이트에 붓는다.
④ 플레이트 뚜껑을 덮고, 실험대에서 약 5분간 그대로 놓아두어 플레이트 위에 한 층 올려놓은 soft top agar 층이 굳을 수 있도록 시간을 준 다음 뚜껑이 아래로 향하게 뒤집은 채 37℃ 배양기에 옮기고 밤새 배양한다. 이렇게 하여야 배양 중 생기는 수분이 아래쪽 뚜껑에 떨어져 배양접시 표면에 영향을 주지 않게 된다.
⑤ 다음날 배양이 끝난 배양접시들에 나타난 콜로니를 세어 간단한 평균치를 구하고 희석배수를 곱하고 10을 더 곱하여 최종적인 배양액의 농도를 구한다. 배양액의 농도는 [콜로니 개수]/㎖로 표시하고, 우리가 마지막 희석액 중 0.1㎖만을 취하여 도말 하였기 때문에 이를 보정 하기 위해 10을 곱하는 것을 잊지 않는다.

결과

① 실제 실험에서 수행한 연속 희석 계획을 표시하기.

② 밤새 배양 후 얻은 플레이트의 콜로니 개수를 세고 평균값을 구하기.

③ 얻어진 평균값에 총 희석 배수를 곱하여 배양액 농도 구하기.

고찰사항

1. 밤새 배양액의 농도가 3 x 10^9/㎖로 추정될 때의 생균수 측정을 위한 연속 희석 계획을 수립하시오.

2. 생균수 측정 실험을 수행하여(최종 희석액에서 100㎕를 취하여 플레이팅 하여) 플레이트당 평균 64개의 콜로니를 셀 수 있었다. 100배씩 2번과 10배 1번의 연속 희석을 하여 얻은 결과일 때, 배양액의 농도를 구하시오.

3. 2번 문제에서, 얻어진 콜로니 개수에 희석 배수를 곱하고 여기에 다시 10을 더 곱하여야 하는 이유를 설명하시오.

실험 07

박테리아 생장곡선; OD 측정과 생균수 측정

재료

① 밤새 배양한 *E. coli* C1a 배양액
② LB 배양액
③ LA 플레이트

기기 및 기구

① Cotton plug된 1inch 직경의 Spectronic 20 tube (20㎖ LB 배양액을 채움)
② Spectronic 20D+™ spectrophotometer
③ 진탕 배양기(shaking incubator)
④ 희석을 위한 EP tube
⑤ 마이크로 피펫맨 세트
⑥ 배양기(incubator)

실험방법

① 20㎖의 LB가 들어있는 Spectronic 20 tube에 밤새 배양한 *E. coli* C1a 배양액 200㎕ (1:100 희석)를 접종한다.
② LB만 담긴 blank tube(control)를 Spectronic 20에 넣고 absorbance를 0으로 맞춘다.
③ 접종한 Spectronic tube를 Spectronic 20에 넣고 absorbance를 측정하고 time = 0 hr의 OD_{595}로 기록한다.
④ 접종한 Spectronic tube를 진탕 배양기에 넣고 37℃, 180rpm으로 배양하기 시작한다.
⑤ Time = 0.5 hr, 1 hr, 1.5 hr, 2 hr, 2.5 hr, 3 hr, 3.5 hr, 4 hr, 4.5 hr, 5 hr마다 배양 중인 Spectronic tube를 Spectronic 20에 넣고 absorbance를 측정하고 기록한다. 이를 토대로 시간을 X축으로 하고, 얻어진 흡광도를 Y축으로 하는 생장곡선 1)을 작성한다. 단 OD_{595} 값이 1.2를 넘으면 실험을 종료한다.

⑥ Time = 0.5 hr, 1 hr, 1.5 hr, 2 hr, 2.5 hr, 3 hr, 3.5 hr, 4 hr, 4.5 hr, 5 hr일 때 흡광도(absorbance)를 측정하고 바로 Spectronic 20 tube에서 마이크로 피펫맨을 사용해 무균적으로 10㎕의 배양액을 취하여 미리 준비한 희석액 EP tube에 옮겨 연속 희석하고 생균수측정을 위한 플레이팅을 수행한다(도말을 통해서).

연속 희석의 전체 design은 아래와 같다.

	① ②	
t = 0.5 hr	100 × 100	②에서 100㎕를 취해 plating : 0.5−②로 label
	① ②	
t = 1 hr	100 × 100	②에서 100㎕를 취해 plating : 1−②로 label
	① ② ③'	
t = 1.5 hr	100 × 100 × 10	③'에서 100㎕를 취해 plating : 1.5−③'로 label
	① ② ③	
t = 2 hr	100 × 100 × 100	③에서 100㎕를 취해 plating : 2−③로 label
	① ② ③	
t = 2.5 hr	100 × 100 × 100	③에서 100㎕를 취해 plating : 2.5−③로 label
	① ② ③ ④'	
t = 3 hr	100 × 100 × 100 × 10	④'에서 100㎕를 취해 plating : 3−④'로 label

	① ② ③ ④'	
t = 3.5 hr	100 × 100 × 100 × 10	④'에서 100㎕를 취해 plating : 3.5－④'로 label
	① ② ③ ④'	
t = 4 hr	100 × 100 × 100 × 10	④'에서 100㎕를 취해 plating : 4－④'로 label
	① ② ③ ④'	
t = 4.5 hr	100 × 100 × 100 × 10	④'에서 100㎕를 취해 plating : 4.5－④'로 label
	① ② ③ ④	
t = 5 hr	100 × 100 × 100 × 100	④에서 100㎕를 취해 plating : 5－④로 label

⑦ 도말 한 플레이트들을 37℃ 배양기에서 밤새 배양하고 다음 날 나타난 군집을 세어 군집형성단위(colony forming unit; CFU)를 구한다.

⑧ ⑦에서 세어 얻은 각 시간 (t = 0.5 – 5 hr)별 log10(CFU/㎖) 의 값을 구해 그것을 Y축으로 삼고 시간을 X축으로 하는 생장곡선 2)를 그린다. 그것을 ⑤에서 얻은 생장곡선 1)과 비교해 본다.

⑨ t = 0.5, 1, 1.5, 2, 2.5, 3, 3.5, 4, 4.5, 5 hr일 때 얻은 OD값을 X축으로 하고 그 시간의 log10(CFU/㎖) 를 Y축으로 하여 표준 곡선을 그려 본다.

결과

① 배양 시간에 따른 OD 값 측정하기.

시간(hr)	흡광도
0	
0.5	
1.0	
1.5	
2.0	
2.5	
3.0	
3.5	
4.0	
4.5	
5.0	

② 생장 곡선 1) 작성하기.
(Y축: OD값, X축: 시간)

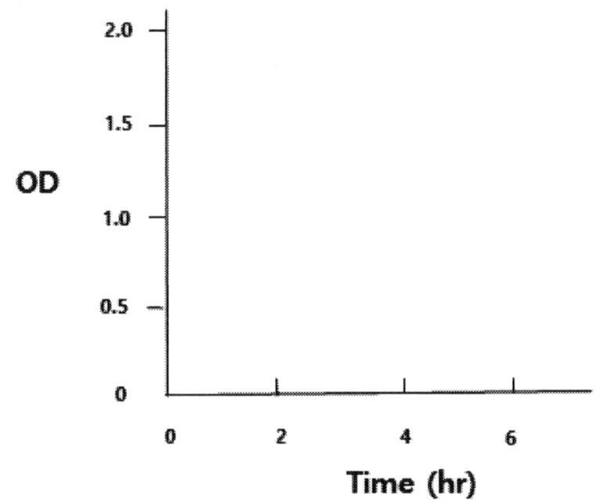

③ 시간마다 시료의 연속 희석 후 플레이팅 하여 얻은 콜로니 개수와 농도 계산.

시간(hr)	총 희석배수	콜로니 개수	농도(CFU/㎖)
0.5	100 × 100 × 10		
1.0	100 × 100 × 10		
1.5	100 × 100 × 10 × 10		
2.0	100 × 100 × 100 × 10		
2.5	100 × 100 × 100 × 10		
3.0	100 × 100 × 100 × 10 × 10		
3.5	100 × 100 × 100 × 10 × 10		
4.0	100 × 100 × 100 × 10 × 10		
4.5	100 × 100 × 100 × 10 × 10		
5.0	100 × 100 × 100 × 10 × 10		

④ 생장 곡선 2) 작성하기. [Y축: log10(CFU/㎖), X축: 시간]

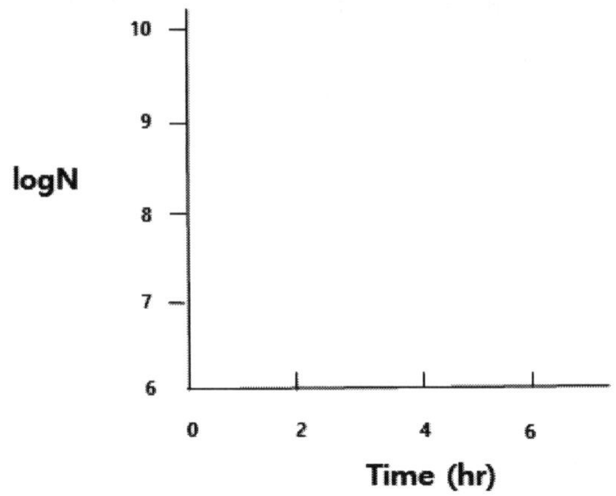

⑤ 표준 곡선 작성하기. [Y축: log10(CFU/㎖), X축: OD 값]

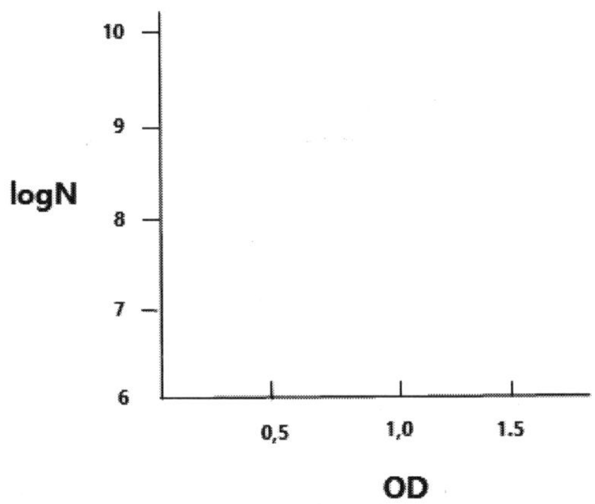

고찰사항

1. 얻어진 생장 곡선 1)과 2)에서 대수기를 확인할 수 있는가?

2. 생장 곡선 2)가 1)보다 더 실험의 신뢰성을 가질 수 있는 이유는 무엇인가?

3. 얻어진 표준 곡선에서 OD 값이 0.5일 때 추정되는 배양액의 세포 농도는 얼마인가?

실험 08

미생물의 생장 요인

(A) 통기(aeration)

이번 실험에서는 같은 종류의 박테리아를 진탕 배양과 정치 배양하며 생장을 비교할 것이다.

재료

① 밤새 배양한 *E. coli* C1a 배양액
② LB 배양액

기기 및 기구

① Cotton plug 된 삼각플라스크
② 마이크로 피펫맨 세트
③ 진탕 배양기(shaking incubator)
④ 배양기(incubator)

실험방법

① 멸균한 2개의 100㎖ 삼각플라스크(20㎖ LB broth가 들어 있음)에 50㎕의 밤새 배양한 *E. coli* C1a를 접종한다.
② 하나는 37℃ 진탕 배양기에서 200rpm으로 진탕 하며 배양하고, 다른 하나는 37℃로 고정된 배양기에 그대로 놓아둔 채(정치 배양) 각각 밤새 배양한다.
③ 다음날 각 플라스크 배양액의 혼탁도를 비교한다.

(B) 배양온도(culture temperature)

이번 실험에서는 같은 종류의 박테리아를 서로 다른 온도에서 배양하며 그 생장 정도를 비교할 것이다.

재료

① 밤새 배양한 *E. coli* C1a 배양액
② LA 플레이트

기기 및 기구

① 네임펜
② 백금이(loop)
③ 알코올램프
④ 배양기(incubator)

실험방법

① 3개의 LA 플레이트의 뒷면 모서리에 각각 25℃, 37℃, 45℃라고 네임펜으로 표기한다.

② 알코올램프에 달군 백금이를 사용하여 밤새 키운 *E. coli* C1a 배양액에 담가 각각 25℃, 37℃, 45℃로 표기된 3개의 플레이트에 차례로 띄스트리크(patch streak)한다 (그림 8−1). 띄스트리크는 single colony를 얻기 위한 스트리크와 달리, 백금이에 묻힌 배양액을 한 줄로 진하게 수평선을 그리듯이 플레이트 위에 그어주는 것이다. 한 번에 많은 양의 박테리아를 플레이트 위에 접종한 후 배양하며 박테리아가 얼마나 잘 자라는지는 배양 후 나타난 생장띄의 진하고 옅은 정도를 통해 알아볼 수 있다.

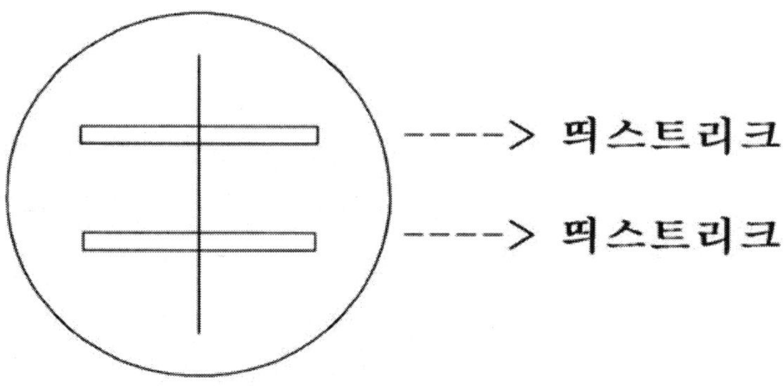

그림 8−1 ≫ 띄스트리크의 모식도.

③ 3개의 플레이트를 각각 25℃, 37℃, 45℃로 고정된 3개의 배양기에 맞추어 넣고 밤새 배양한다.

④ 다음날 각 플레이트에 나타난 띠스트리크의 생장띠를 확인한다.

(C) 산성도(pH)

이번 실험에서는 산과 염기를 배양액에 첨가할 때 중성균이 어떻게 되는지를 관찰할 것이다.

재료

① 밤새 배양한 *E. coli* C1a 배양액

② LB 배양액

③ 5N NaOH

④ 6N HCl

기기 및 기구

① 멸균 snap cap tube

② 마이크로 피펫맨 세트

③ 피펫

④ 피펫 에이드

⑤ 진탕 배양기(shaking incubator)

실험방법

① 3개의 snap cap tube에 LB를 3㎖씩 넣고, 그중 한 튜브에는 100㎕의 6N HCl을 넣고 산성이라 표기, 한 튜브에는 100㎕의 5N NaOH를 넣고 염기성이라 표시한다.

② 3개의 튜브에 각각 밤새 키운 *E. coli* C1a를 10㎕씩 접종하고 37℃ 진탕배양기에서 200rpm으로 진탕 하며 밤새 배양한다.

③ 다음날 각 튜브의 생장 여부를 확인한다.

결과

(A) 통기(aeration)

① 진탕 배양한 플라스크와 정치 배양한 플라스크의 혼탁도 비교.

(B) 배양온도(culture temperature)

① 서로 다른 온도에서 배양한 플레이트의 띄스트리크 한 부위에 나타난 생장띄 굵기와 진한 정도 비교.

(C) 산성도(pH)

① 산성, 중성, 염기성으로 맞춰진 후 배양한 3 튜브의 생장 여부 및 혼탁도 비교.

고찰사항

1. Cotton plug로 막고 멸균한 플라스크의 cotton plug 사이로 외부 공기가 들어갈 때, 오염이 되지 않는 이유를 생각해 보자.

2. 37℃가 최적 온도인 *E. coli*가 25℃, 45℃에서 배양한 후에 생장이 나타나는 것을 설명하시오.

실험 09

미생물 생장 조절

(A) UV 조사(radiation)

재료

① 밤새 배양한 *E. coli* C1a 배양액
② LA 플레이트

기기 및 기구

① 백금이
② 알코올램프
③ UV cross−linker
④ 한쪽을 가리기 위한 두꺼운 판지(cardboard)
⑤ 배양기(incubator)

실험방법

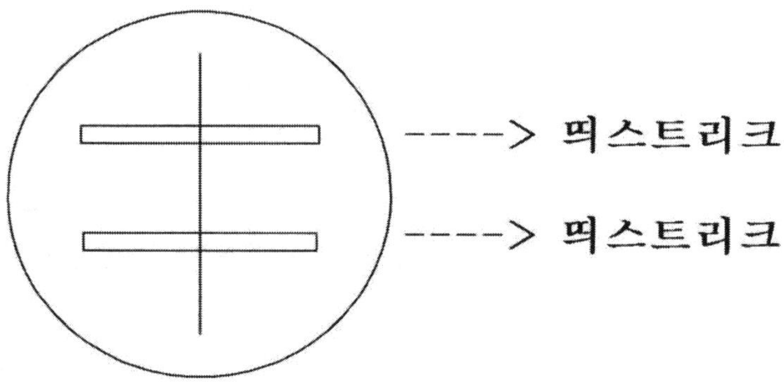

그림 9−1 ≫ 띠스트리크의 예

① 2개의 LA 플레이트 뒷면에 네임펜으로 정확히 2등분이 되도록 선을 그어 나누고, 한 플레이트에는 모서리에 15초 다른 플레이트의 모서리에는 1분이라고 작게 표기한다.
② 백금이를 써서 밤새 배양한 *E. coli* C1a 배양액을 옮겨 두 플레이트에 띄스트리크(patch streak)를 만든다 (그림 9−1).
③ 플레이트를 UV cross−linker 안에 똑바로 놓은 상태에서 뚜껑을 열고 2등분된 한쪽 면만 두꺼운 판지로 가린 채, 플레이트에 표기된 시간만큼(15초 또는 1분) 기계를 작동시켜 UV를 조사한다.
③ 플레이트를 꺼낸 후 뚜껑을 덮고 신속하게 37℃ 배양기로 옮겨 밤새 배양한다.
④ 다음날, 그대로 UV에 노출된 쪽과 두꺼운 판지로 가린 쪽의 생장 정도를 관찰한다.

(B) 여과(filtration)

재료

① 밤새 배양한 *E. coli* C1a 배양액을 1,000배 희석한 희석액
② LA 플레이트

기기 및 기구

① 피펫
② 피펫 에이드(pipette aid)
③ 마이크로 피펫맨 세트
④ 1회 용 멸균 주사기
⑤ 1회 용 멸균 필터(pore size 0.45㎛)
⑥ 멸균 튜브
⑦ 알코올램프
⑧ 멸균 스프레더
⑨ 배양기(incubator)

실험방법

① 1,000배 희석한 *E. coli* C1a 배양액 10㎖ 중 5㎖을, 주사기에 멸균 필터를 끼우고 그 아래 멸균 튜브를 장치해 놓은 주사기 안으로 피펫을 사용해 옮긴다.

② 주사기 내관(plunger)을 주사기 관에 집어넣고 천천히 밀어 희석액이 필터를 통과해 여과된 후 아래 멸균 튜브에 모이도록 한다.

③ 2개의 LA 플레이트 뒷면에 각각 '여과', '여과하지 않음' 이라 표기한다.

④ '여과'라고 표기한 플레이트에는 여과를 끝내고 모은 희석액 100㎕를 옮기고, '여과하지 않음' 이라 표기한 플레이트에는 여과하지 않은 희석액 100㎕를 옮긴 후, 각각 멸균 스프레더로 플레이트 위에 스프레딩 한다.

⑤ 2개의 플레이트를 37℃로 고정된 배양기에 옮기고 밤새 배양한다.

⑥ 다음날 각 플레이트에 나타난 콜로니 또는 bacterial lawn(콜로니가 너무 많아 서로 연결되어 마치 박테리아의 잔디밭처럼 나타난 것)을 관찰한다.

(C) 항생제의 생장 저해

재료

① LA 플레이트

② Ampicillin을 함유한 LA 플레이트(Ap 농도 100㎍/㎖) ⟶ LAAp100 으로 표기

③ 밤새 배양한 *E. coli* C1a 배양액: ampicillin의 저해를 받는 일반적인 *E. coli*

④ 밤새 배양한 *E. coli* C1a(pUC19): ampicillin 내성 유전자를 가진 플라스미드 pUC19이 도입되어 ampicillin에 내성을 보이는 *E. coli*

기기 및 기구

① 백금이

② 알코올램프

③ 배양기(incubator)

실험방법

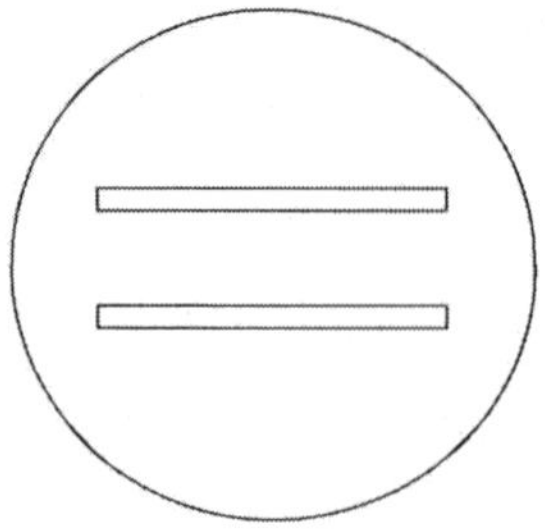

그림 9–2 ≫ 두 *E. coli* strain의 띄스트리크

① LA 플레이트와 LAA_{p100} 플레이트에 백금이를 써서 밤새 배양 한 *E. coli* C1a 와 *E. coli* C1a(pUC19)의 띄스트리크를 균일하게 만든다(그림 9−2).
② Plate를 37℃ 배양기로 옮겨 밤새 배양한다.
③ 다음날 각 띄스트리크의 생장 정도를 관찰한다.

(D) 알코올의 소독(disinfectant) 효과

재료

① 70% ethanol
② LA 플레이트

기기 및 기구

① 배양기(incubator)

실험방법

① LA 플레이트 뒷면을 4등분 하여 네임펜으로 각각 A, B, C, D로 표기한다 (그림 9−3).
② A에 왼손 엄지손가락으로 손도장 찍듯이 살짝 플레이트 위를 문지른다.
③ C에, A에서 문지른 왼손 엄지손가락을 그대로 한 번 더 살짝 문지른다.
④ B에 오른손 엄지손가락으로 손도장 찍듯이 살짝 플레이트 위를 문지른다.
⑤ 오른손 엄지손가락에 70% ethanol을 spray 한 후 공기 중에서 20초간 건조 시키고, D에 손도장 찍듯이 살짝 문지른다.

⑥ 플레이트를 37℃ 배양기에 넣고 밤새 배양한다.

⑦ 다음날 각 4분 면에 나타난 콜로니 수를 통해 알코올의 살균 효과를 추정한다.

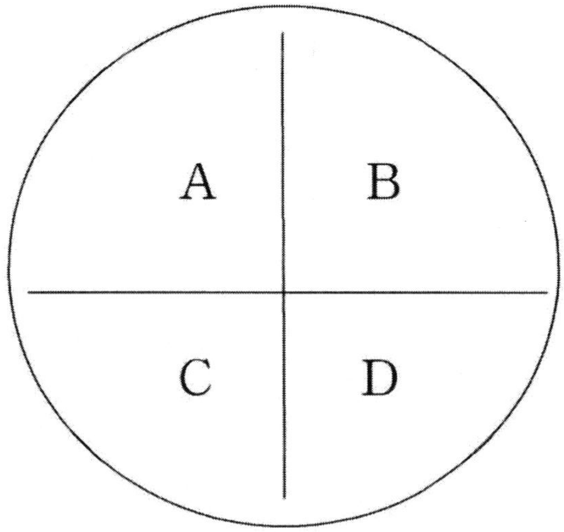

그림 9-3 ≫ 플레이트를 4분 면으로 나눔

결과

(A) UV 조사(radiation)

① 두꺼운 판지로 가린 쪽과 UV에 직접 노출된 쪽의 생장 여부를 비교.

(B) 여과(filtration)

① '여과'라 표기한 플레이트와, '여과하지 않음' 이라 표기한 플레이트의 생장 여부를 비교.

(C) 항생제의 생장 저해

① LA 플레이트와 LAAp100 플레이트에 각각 나타난 *E. coli* C1a 와 *E. coli* C1a(pUC19)의 띠스트리크의 생장 여부와 정도를 비교.

(D) 알코올의 소독(disinfectant) 효과

① A, B, C, D로 표기한 각 4분 면에 나타난 콜로니 수를 비교.

고찰사항

1. 시간을 달리하여 UV를 쬐어 준 플레이트에서 사멸 효과가 차이가 났는가? 차이가 났다면, 그 이유를 어떻게 설명할 수 있는가?

2. 여과하는 과정 중, 희석배양액이 pore size 0.45㎛인 필터를 통과하며 어떤 일이 일어났는가?

3. 플라스미드에 대해 알아보시오.

4. 실험 후 각 4분 면에 나타난 콜로니 수를 토대로 알코올의 소독 효과를 설명하시오.

실험 10

Methyl red test: 혼합산 발효 검정

이번 실험에서는 Methyl-red 검정에서 양성으로 나타나는 대표적 균주인 *Escherichia coli*와 음성으로 나타나는 대표적 균주인 *Enterobacter aerogenes*를, A와 B 균주라는 익명으로 제공하여 여러분이 직접 실험을 거쳐 동정하게 할 것이다.

배지조성

① MR-VP(Methyl Red- Voges-Proskauer) 배양액
per 1 liter;
Peptone 7g, Diphotassium Phosphate 5g, Glucose 5g, pH 7.0.

재료

① MR-VP 배양액
② Methyl red 검정 시약: methyl red 0.02g을 95% ethanol 60㎖에 녹인 후 증류수 40㎖ 첨가하여 총 100㎖로 맞춤.
③ 밤새 배양한 *Enterobacter aerogenes* 배양액; A 또는 B 중 하나로 표기.
④ 밤새 배양한 *Escherichia coli* 배양액; A 또는 B 중 하나로 표기.

기기 및 기구

① 15㎖ 멸균 튜브
② 피펫
③ 피펫 에이드
④ 마이크로 피펫맨 세트
⑤ 팁
⑥ 배양기(incubator)

실험방법

① 멸균한 MR−VP 배양액 3㎖을 피펫을 사용하여 15㎖ 멸균 튜브에 각각 옮긴다.

② 균주 A와 B의 밤새 배양액을 각각 A와 B로 표기한 15㎖ 멸균 튜브에 5㎕씩 마이크로 피펫맨 세트로 접종한다.

③ 접종된 튜브를 뚜껑을 닫은 상태로 37℃로 고정된 배양기에 넣고 24시간 이상 정치 배양한다.

④ 배양이 끝난 튜브에 methyl red 검정 시약 200㎕를 가하고, 잘 흔들어 섞이게 하며 배양액의 색 변화를 관찰한다.

추정

A와 B 2개의 튜브 중, 붉은색으로 변하는 것이 양성이고 혼합산 발효를 수행하는 종으로 판단할 수 있다.

양성: *Escherichia coli*

음성: *Enterobacter aerogenes*

결과

① 튜브 A:

② 튜브 B:

고찰사항

1. Methyl red 검정 시약을 가한 후 붉은색으로 변하는 튜브는 배양 후 배양액에 무엇이 생성되어서 색 변화가 일어나는가?

2. Methyl red 검정 시약의 산성 속 색 변화는 pH 4.4 정도를 기점으로 일어나는 것으로 알려져 있다. 음성으로 나타나는 *Enterobacter aerogenes*의 배양액 중에도 산성 발효 산물은 생성되지만, methyl red 검정에서 색 변화는 일어나지 않는데 그 이유를 생각해 보자.

실험 **11**

Voges-Proskauer(VP) 검정

이번 실험에서는 VP 검정에서 양성으로 나타나는 대표적 균주인 *Enterobacter aerogenes*와 음성으로 나타나는 대표적 균주인 *Escherichia coli*를, A와 B 균주라는 익명으로 제공하여 여러분이 직접 실험을 거쳐 동정하게 할 것이다.

재료

① MR−VP 배양액

② 5% α−Naphthol: 5g α−naphthol을 100㎖의 25% 에탄올에 녹임.

③ 40% KOH 수용액: 40g KOH를 D.W.에 녹여 최종적으로 200㎖이 되도록 함.

④ 밤새 배양한 *Enterobacter aerogenes* 배양액; A 또는 B 중 하나로 표기.

⑤ 밤새 배양한 *Escherichia coli* 배양액; A 또는 B 중 하나로 표기.

기기 및 기구

① 15㎖ 멸균 튜브

② 피펫

③ 피펫 에이드

④ 마이크로 피펫맨 세트

⑤ 팁

⑥ 배양기

실험방법

① 멸균한 MR−VP 배양액 3㎖을 피펫으로 15㎖ 멸균 튜브에 각각 옮긴다.

② 균주 A와 B의 밤새 배양액을 각각 A와 B로 표기한 15㎖ 멸균 튜브에 5㎕씩 마이크로 피펫맨 세트로 접종한다.

③ 접종된 튜브를 뚜껑을 닫은 상태로 37℃로 고정된 배양기에 넣고 24시간 이상 정치 배양한다.

④ 배양이 끝난 튜브에 5% α−naphthol과 40% KOH 수용액을 각각 2㎖씩 가하고 계속 흔들어 주어 반응이 일어나도록 한다. 5분 정도 흔들면 양성인 경우, 배양액 튜브가 분홍에서 붉은색을 나타내게 된다.

추정

A와 B 2개의 튜브 중, 붉은색으로 변하는 것이 양성이고 아세토인이 존재하는 2,3−부탄에디올 발효를 하는 종으로 판단할 수 있다.

양성: *Enterobacter aerogenes*

음성: *Escherichia coli*

결과

① 튜브 A:

② 튜브 B:

고찰사항

1. 아세토인이 발색을 하게 되는 화학반응을 순서대로 정리하시오.

2. 전구물질(precursor)을 정의하시오.

3. VP 검정이 양성으로 나타나는 균주는 대개 메틸레드 검정은 음성으로 나타난다. 이것을 통해 2,3-부탄에디올의 산성 여부를 생각해 보시오.

4. MR-VP 배양액 제조에 펩톤이 들어가야 하는 이유를, 아세토인 검출 반응과 연관 지어 설명하시오.

실험 12

Indole test(인돌 검정)

이번 실험에서는 인돌 검정에서 양성으로 나타나는 대표적 균주인 *Escherichia coli*와 음성으로 나타나는 대표적 균주인 *Enterobacter aerogenes*를, A와 B 균주라는 익명으로 제공하여 여러분이 직접 실험을 거쳐 동정하게 할 것이다.

배지조성

① Tryptophan Broth(트립토판 배양액)
per 1 liter;
Tryptone 10g, NaCl 5g, DL−Tryptophan 1g, pH 7.5.

재료

① Tryptophan 배양액
② Kovac's reagent(코박 시약): para−dimethyl aminobenzaldehyde 0.1g을 isoamyl−alcohol 1.5㎖에 완전히 용해 시킨 후 진한 HCl 0.5㎖을 천천히 첨가.
③ 밤새 배양한 *Enterobacter aerogenes* 배양액; A 또는 B 중 하나로 표기.
④ 밤새 배양한 *Escherichia coli* 배양액; A 또는 B 중 하나로 표기.

기기 및 기구

① 15㎖ 멸균 튜브
② 피펫
③ 피펫 에이드
④ 마이크로 피펫맨 세트
⑤ 팁
⑥ 배양기

실험방법

① 멸균한 트립토판 배양액 3㎖을 피펫을 사용하여 15㎖ 멸균 튜브에 각각 옮긴다.

② 균주 A와 B의 밤새 배양액을 각각 A와 B로 표기한 15㎖ 멸균 튜브에 5㎕씩 마이크로 피펫맨 세트로 접종한다.

③ 접종된 튜브를 뚜껑을 닫은 상태로 37℃로 고정된 배양기에 넣고 24시간 이상 정치 배양한다.

④ 배양이 끝난 튜브에 코박 시약 25㎕를 가하고, 잘 흔들어 섞이게 하며 배양액 상층부에 붉은색의 환(ring)이 나타나는지 관찰한다.

추정

A와 B 2개의 튜브 중, 붉은색의 환이 상층부에 나타나는 것이 양성이고 트립토파네이스를 생성해 트립토판을 탈아미노화 하고 분해해 인돌을 생성하는 종으로 판단할 수 있다.

양성: *Escherichia coli*

음성: *Enterobacter aerogenes*

결과

① 튜브 A:

② 튜브 B:

고찰사항

1. 인돌 검정에서, 코박 시약을 가해 상층부에 붉은색 환이 나타나는 과정을 배양액에 있는 트립토판을 시작으로 차례로 설명하시오.

2. 트립토판 배양액 조성물질 중 DL–tryptophan을 넣어주는 이유는 무엇인가?

실험 13

Citrate utilization test (구연산 사용 검정)

이번 실험에서는 구연산 사용 검정에서 양성으로 나타나는 대표적 균주인 *Enterobacter aerogenes*와 음성으로 나타나는 대표적 균주인 *Escherichia coli*를, A와 B 균주라는 익명으로 제공하여 여러분이 직접 실험을 거쳐 동정하게 할 것이다.

배지조성

① Simmons citrate agar

per 1 liter;

Ammonium dihydrogen phosphate 1g, Dipotassium phosphate 1g, Sodium chloride 5g, Sodium citrate 2g, Magnesium sulfate 0.2g, Agar 15g, Bromothymol blue 0.08g, Distilled water upto 1 liter, pH 6.9.

재료

① Simmons citrate agar 플레이트

② 밤새 배양한 *Enterobacter aerogenes* 배양액; A 또는 B 중 하나로 표기.

③ 밤새 배양한 *Escherichia coli* 배양액; A 또는 B 중 하나로 표기.

기기 및 기구

① 플레이트

② 백금이

③ 알코올램프

④ 마이크로 피펫맨 세트

⑤ 팁

⑥ 배양기(incubator)

실험방법

① 멸균한 액체 상태의 구연산 agar 배지를 플레이트에 부어 굳힌다.

② 균주 A와 B의 밤새 배양액을 각각 알코올램프 불꽃으로 멸균한 백금이를 써서 각각 A와 B로 표기한 구연산 agar 플레이트에 스트리크 한다.

③ 스트리크 한 플레이트의 뚜껑을 닫고, 뚜껑이 아래로 오도록 뒤집어서 37℃로 고정된 배양기에 넣고 24시간 이상 배양한다.

④ 배양이 끝난 플레이트의 스트리크 한 부분에 박테리아의 생장이 관찰되는지, 생장이 일어났다면 주위의 agar 색이 녹색에서 푸른색으로 변하였는지를 관찰한다.

추정

A와 B 2개의 플레이트 중, 스트리크 한 부위에 박테리아가 생장하고 주위가 푸른색으로 변하는 것이 양성이고 citrase를 가진 종으로 판단할 수 있다. 스트리크 한 부위가 자라지 않은 것은 음성으로 판단할 수 있고 스트리크 한 부위가 자랐으나 주위의 색 변화 없이 녹색으로 나타나는 것도 음성임.

양성: *Enterobacter aerogenes*

음성: *Escherichia coli*

결과

① 튜브 A:

② 튜브 B:

고찰사항

1. Simmons citrate agar 배지에 글루코스가 들어가지 않는 이유를 설명하시오.

2. Citrase에 의해 나트륨구연산염이 무엇들로 분해되는가?

3. Citrase에 의해 나트륨구연산염이 분해되며 배양액이 염기성으로 되는 이유를 설명하시오.

실험 14

Urease test(요소 분해효소 검정)

이번 실험에서는 urease 검정에서 양성으로 나타나는 대표적 균주인 *Proteus bulgaris*와 음성으로 나타나는 대표적 균주인 *Escherichia coli*를, A와 B 균주라는 익명으로 제공하여 여러분이 직접 실험을 거쳐 동정하게 할 것이다.

배지조성

① Christensen's Urea Agar

per 1 liter;

Peptone 1g, Dextrose 1g, Sodium chloride 5g, Potassium phosphate monobasic 2g, Urea 20g, Phenol red 0.012g, Agar 15g.

* Agar를 제외한 조성물들을 100㎖의 D.W.에 녹이고 0.45㎛ 공극 크기(pore size)를 가진 필터 디스크를 사용해 여과 멸균한다. Agar를 900㎖의 D.W.에 넣고 고온 고압 멸균한 후, 55℃에서 60℃로 식힌 다음 여과 멸균한 나머지 조성물들을 넣고 잘 섞은 후 플레이트에 붓는다. 굳어진 플레이트는 사용할 때까지 4℃에 보관한다.

② Stuart's Urea Broth

per 1 liter;

Yeast extract 0.1g, Potassium phosphate monobasic 9.1g, Potassium phosphate dibasic 9.5g, Urea 20g, Phenol red 0.01g.

* 조성물을 1 liter에 모두 녹인 후, 0.45㎛ 공극 크기(pore size)를 가진 필터 디스크를 사용해 여과 멸균한다.

재료

① Christensen's Urea Agar 플레이트

② Stuart's Urea 배양액(broth)

③ 밤새 배양한 *Proteus bulgaris* 배양액; A 또는 B 중 하나로 표기.

④ 밤새 배양한 *Escherichia coli* 배양액; A 또는 B 중 하나로 표기.

기기 및 기구

① 백금이

② 알코올램프

③ 15㎖ 멸균 튜브

④ 피펫

⑤ 피펫 에이드

⑥ 마이크로 피펫맨 세트

⑦ 팁

⑧ 배양기

실험방법

① 균주 A와 B의 밤새 배양액을 각각 알코올램프 불꽃으로 멸균한 백금이를 써서 각각 A와 B로 표기한 Christensen's urea agar 플레이트에 스트리크 한다.

② 플레이트의 뚜껑을 닫고, 뚜껑이 아래로 오도록 뒤집어서 37℃로 고정된 배양기에 넣고 24시간 이상 배양한다.

③멸균한 Stuart's urea 배양액 3㎖을 A와 B로 표기된 15㎖ 멸균 튜브에 옮기고, 균주 A와 B의 밤새 배양액 3㎕를 각각 마이크로 피펫으로 옮겨 접종한다.

④ 튜브를 37℃로 고정된 배양기에 넣고 24시간 이상 배양한다.

⑤ 배양하면서 플레이트의 스트리크 한 부분의 색이 원래 배지의 오렌지색에서 분홍색으로 변하는지 관찰한다. 튜브에 든 배양액도 원래 배지의 오렌지색에서 분홍색으로 변하는지 관찰한다.

추정

A와 B 2개의 플레이트 중, 스트리크 한 부위로부터 주위가 분홍색으로 변하는 것이 양성이고 urease를 가진 종으로 판단할 수 있다. 스트리크 한 부위의 색이 그대로 오렌지색으로 남아 있는 것은 음성으로 판단할 수 있다.

액체 배양의 경우, 튜브의 배양액이 분홍색으로 변한 것이 양성이고 변화없이 그대로 오렌지색인 것이 음성이다.

양성: *Proteus bulgaris*

음성: *Escherichia coli*

결과

(1) Christensen's urea agar 플레이트

① 플레이트 A:

② 플레이트 B:

(2) Stuart's urea broth(배양액)

① 튜브 A:

② 튜브 B:

고찰사항

1. Urease의 요소 가수분해 반응을 설명하시오.

2. Urease 검정에 사용하는 두 가지 배지에 들어있는 phenol red의 역할은 무엇인가?

3. 위벽에 서식하며 위궤양을 일으키는 원인균으로 알려진 *Helicobacter pylori*의 경우, urease를 활발히 세포 밖으로 분비하며 강한 산성을 보이는 위벽에서 콜로니를 형성하며 살 수 있다고 한다. *Helicobacter pylori*는 중성균으로 알려져 있는데, 활발한 urease 분비를 통해 요소를 가수분해하면서 어떻게 콜로니가 형성된 위벽 주위를 중성으로 만들며 살아가는 것인지 그 이유를 생각하시오.

실험 15

MacConkey agar: *Escherichia coli* 감별배지

이번 실험에서는 MacConkey agar 배지에서 양성으로 나타나는 대표적 균주인 *Escherichia coli*와 음성으로 나타나는 대표적 균주인 *Pseudomonas aeruginosa*를, A와 B 균주라는 익명으로 제공하여 여러분이 직접 실험을 거쳐 동정하게 할 것이다.

배지조성

① MacConkey Agar
per 1 liter;
Peptone 17g, Polypeptone 3g, Lactose 10g, Bile salts 1.5g, Sodium chloride 5g, Agar 13.5 g, Neutral red 0.03g, Crystal violet 0.001g, pH 7.1.

재료

① MacConkey Agar 플레이트
② 밤새 배양한 *Pseudomonas aeruginosa* 배양액; A 또는 B 중 하나로 표기.
③ 밤새 배양한 *Escherichia coli* 배양액; A 또는 B 중 하나로 표기.

기기 및 기구

① 백금이
② 알코올램프
③ 배양기

실험방법

① 균주 A와 B의 밤새 배양액을 각각 알코올램프 불꽃으로 멸균한 백금이를 써서 각각 A와 B로 표기한 MacConkey agar 플레이트에 스트리크 한다.
② 플레이트의 뚜껑을 닫고, 뚜껑이 아래로 오도록 뒤집어서 37℃로 고정된 배양기에 넣고 밤새 배양한다.
③ 다음날 플레이트의 스트리크 한 부분에서 생장이 일어났는지, 콜로니의 색과 모양은 어떤지를 관찰한다.

추정

A와 B 2개의 플레이트 중, 스트리크 한 부위에 분홍색의 콜로니가 나타난 것이 양성이고 락토스를 대사하는 종으로 판단할 수 있다. 스트리크 한 부위에 콜로니가 많이 나타나지 않고 나타난 콜로니나 생장띠가 투명하게 색을 띠지 않으면 음성으로 판단할 수 있다.

양성: *Escherichia coli*

음성: *Pseudomonas aeruginosa*

결과

① 플레이트 A:

② 플레이트 B:

고찰사항

1. MacConkey agar 플레이트에서 분홍색의 콜로니를 형성하는 박테리아는 어떠한 과정을 거쳐 이와 같은 콜로니를 생성하는지 그 과정을 차례로 설명하시오.

2. MacConkey agar 배지에서 담즙(bile salt)과 크리스탈 바이올렛(crystal violet)은 어떠한 목적으로 집어넣었는가?

3. 담즙(bile salt)의 화학적 성질을 알아보시오.

실험 16

Catalase test

이번 실험에서는, catalase 검정에서 대표적인 양성을 나타내는 호기성 박테리아인 *Pseudomonas aeruginosa*와 산소내성 혐기성 유산균인 *Streptococcus lactis*를, A와 B 균주라는 익명으로 제공하여 여러분이 직접 실험을 거쳐 동정하게 할 것이다.

재료

① 밤새 배양한 *Pseudomonas aeruginosa* 배양액; LB 배양액에서 37℃로 진탕 배양, A 또는 B 중 하나로 표기.

② 24시간 이상 배양한 *Streptococcus lactis* 배양액; MRS 배양액에서 30℃로 정치 배양, A 또는 B 중 하나로 표기.

③ 3% 과산화수소 용액

기기 및 기구

① 슬라이드

② 마이크로 피펫맨 세트

③ 팁

실험방법

① 밤새 배양한 A와 B 배양액을 한 슬라이드 위에 충분한 간격을 두고 10μℓ씩 마이크로 피펫을 사용해 옮겨 놓는다.

② 옮겨 놓은 각 배양액 위에 3% 과산화수소 용액을 10μℓ씩 떨어뜨린다.

③ 과산화수소를 떨어뜨리자마자, 기포 발생 여부를 주의 깊게 관찰한다. 양성인 경우, 기포 발생은 즉시 나타나지만, 약 2분 정도는 관찰을 계속한다.

추정

A와 B 2개의 스폿 중, 과산화수소를 가한 후 기포가 나타나는 것이 양성이고 catalase를 가진 종으로 판단할 수 있다. 약 2분 동안 기포가 전혀 발생하지 않는 것은 음성으로 판단할 수 있다.

양성: *Pseudomonas aeruginosa*

음성: *Streptococcus lactis*

결과

① A 배양액 스폿:

② B 배양액 스폿:

고찰사항

1. SOD(superoxide dismutase)가 촉매하는 반응을 정리하시오.

2. Catalase가 촉매하는 반응을 정리하시오.

3. 산소가 없는 조건에서 이론적으로 가능한 생리학적 이화대사(catabolism)에는 어떠한 것들이 있을까?

실험 17 발효식품의 제조: 요거트 제조

이번 실험에서는, 시중에서 구입한 요거트 제품이 있는 유산균을 시작종균으로 사용할 것이다. 2주에 걸쳐 전체 실험을 진행하며 각 주차에 수행할 작업을 아래와 같이 나누어 정리하였다.

제1주 차; 시중에서 구입한 우유를 일단 저온살균법(pasteurization)으로 처리한 후, 역시 시중에서 구입한 요거트 제품에 들어있는 살아있는 유산균을 시작종균으로 일부 집어넣고 37℃에서 정치 배양하여 요거트를 제조한다.

제2주 차; 1 주차에 만든 요거트의 일부를 유산균 선별 MRS 배양액에 넣어 제조된 요거트 안에 있는 균을 배양하고, 이것이 유산균인지 그람 염색법과 catalase test를 통해 확인한다.

(A) 제1주: 요거트 제조

재료

① 시중에서 구입한 종이 pack에 든 우유 (200 ml pack)
② 시중에서 구입한 요거트 제품
③ Parafilm™

기기 및 기구

①항온 수조(water bath); 65℃로 고정
② 마이크로 피펫맨 세트
③ 배양기(incubator)

실험방법

① 65℃로 고정된 항온수조에 시중에서 구입한 우유팩을 담그고 45분간 놓아두어(또는 80℃로 끓는 용기 속의 물에 30분간 담그거나) 저온 살균을 수행한다. 우유팩에 따라 열처리 중 팽창할 수 있고 일부는 터질 수가 있으므로, 우유팩의 입구를 살짝 열어놓고 parafilm으로 밀봉한 후 항온수조에 넣는 것을 권장한다. 열린 부분을 통한 오염은 드물게 일어나므로 무시해도 될 것이다.
② 우유팩을 상온에 약 5분간 놓아두어 식힌 후, 조심스럽게 우유팩의 입구를 연다. 시중에서 구입한 요거트를 멸균된 yellow tip으로 많이 묻혀서 우유팩 안의 우유에 넣어준다.
③ 우유팩의 열린 부분을 parafilm을 잘라 조심스럽게 단단히 밀폐한 후, 37℃ 배양기에 넣고 배양한다.
⑤ 다음날 밀폐된 부분을 열고 멸균된 yellow tip으로 일부를 꺼내어 점도, 냄새, 맛을 보고 기록한다. 우유팩을 다시 밀폐하여 다음 실험까지 냉장고에 보관한다.

(B) 제2주: 유산균 동정

1) 그람 염색

재료

① 제1주 차에 제조한 요거트
② MRS broth
③ Crystal violet 용액
④ 5% Iodine 용액
⑤ 95% 알코올
⑥ Safranin 용액
⑦ 킴와이프

기기 및 기구

① 마이크로 피펫맨 세트

② 15㎖ 멸균 튜브

③ 배양기(incubartor)

④ 슬라이드 글라스

⑤ 알코올램프

⑥ 백금이

⑦ 광학현미경

실험방법

① 실험 전날, 냉장고에 보관 중인 제1주 차에 만들어진 요거트의 일부를 멸균된 yellow tip으로 살짝 묻혀 15㎖ 멸균 튜브에 들어있는 3㎖ MRS broth에 접종하고 37℃ 배양기에서 정치 배양한다.

② 다음날 잘 자란 요거트 배양액을 멸균된 백금이로 따서 슬라이드 글라스에 도말 한다.

③ 도말 된 부위를 알코올램프 불꽃 위에 몇 번 통과시켜 완전히 건조 시킨다.

④ 건조된 부위 위에 크리스탈 바이올렛 용액 몇 방울을 떨어뜨리고 20초 정도 유지 시킨 후 싱크대에서 약하게 흐르는 물(running water)이 염색된 부위의 반대쪽으로 흘러가게 하여 세척 한다.

⑤ Iodine 용액을 1 –2 방울 떨어뜨려 약 1분 간 유지 시킨다.

⑥ 싱크대에서, 95% ethanol bottle로 염색된 부위의 반대쪽으로 흘려보내 세척 한다.

⑦ 싱크대에서 약하게 흐르는 물(running water)이 염색된 부위의 반대쪽으로 흘러가게 하여 잠시 세척 한다.

⑧ Safranin 용액을 1 –2 방울 가하고 약 20초 간 유지 시킨다.

⑨ 싱크대에서 약하게 흐르는 물(running water)이 염색된 부위의 반대쪽으로 흘러가게 하여 세척 한다.

⑩ 여분의 물기를 킴와이프로 톡톡 쳐서 닦은 후 건조 시킨다.

⑪ 현미경에 슬라이드 글라스를 올리고 40X 대물렌즈로 관찰한다.

2) Catalase 검정

재료

① 제1주 차에 제조한 요거트

② 밤새 배양한 *Pseudomonas aeruginosa* 배양액 (positive control for catalase test)

③ 3% H_2O_2(과산화수소) 용액

기기 및 기구

① 마이크로 피펫맨 세트

② 슬라이드 글라스

실험방법

① 실험 1)의 ②항에서 얻은 요거트 배양액 10㎕를 피펫맨을 사용해 슬라이드 글라스 한쪽 부분에 옮긴다.

② 다른 쪽 부분에는 *P. aeruginosa* 배양액 10㎕를 피펫맨을 사용해 옮긴다.

③ 각 배양액 위에 3% H_2O_2 (과산화수소) 용액 10 ㎕를 떨구고 기포 발생 여부를 최대 2분간에 걸쳐 관찰하고 기록한다.

결과

(A) 제1주: 요거트 제조

① 배양 후 만들어진 요거트를 직접 먹어보고, 질감과 맛을 기록.

(B) 제2주: 유산균 동정

1) 그람 염색

① 현미경으로 관찰한 그람 염색 결과를 기록.

2) Catalase 검정

① 요거트 배양액과 *P. aeruginosa* 배양액의 기포 발생 여부를 관찰하고 기록.

고찰사항

1. 우리가 실험에서 요거트 제조를 위해 사용한 접종균은 무엇이었는가?

2. 상업적인 요거트는 단맛이 나지만, 실험에서 만든 요거트에서 단맛이 나지 않는 이유는 무엇이라 생각하는가?

3. 요거트 배양액에 있는 박테리아의 그람염색과 catalase 검정을 통해 어떤 잠정적인 결론을 얻을 수 있는가?

실험 18

박테리오파지의 증식 관찰

이번 실험에서는 준비된 박테리오파지 농축액을 가지고 이것이 숙주 박테리아 세포를 죽이고 증식하는 것을 고체배양을 통해 관찰한다. 플라크 분석법에서, 박테리오파지의 존재 여부를 확인하기 위해 페트리 접시(Petri dish) 전체에 숙주세포인 박테리아를 키워 놓은 것을 잔디밭에 비유하여 bacterial lawn이라고 부른다. 이러한 lawn 위에 박테리오파지 입자가 섞여 있게 되면, 배양하는 동안 박테리오파지가 lawn을 형성한 박테리움에 감염하여 증식되어 수십에서 수백 개의 박테리오파지로 방출되고 곧 그 주위의 다른 박테리아에 감염 증식하여 기하급수적으로 원래 위치 근처의 박테리아를 죽이게 되므로 짧은 시간 내에 박테리아 lawn 위에 박테리아가 용해되어 죽은 투명한 부분이 반점처럼 나타나게 된다. 이것이 플라크이며 박테리오파지의 존재를 간접적으로 확인시켜 주는 수단이 된다. 마치 박테리아의 콜로니처럼 이러한 플라크의 수를 세면 시료 중 존재하는 박테리오파지 입자의 수가 된다. 실험 (A)에서 이러한 플라크를 얻어 볼 것이다. 한편 많은 수의 박테리오파지 입자가 함유된 농축액을 bacterial lawn 위에 떨어뜨리게 되면, 박테리오파지의 증식으로 넓고 투명한 부분이 연이어 나타나게 되는데 이것을 용해지역(lysis area)이라 부른다. 실험 (B)에서 이러한 용해지역을 관찰할 것이다.

(A) 박테리오파지 플라크 관찰

재료

① 박테리오파지 P2 희석액: 박테리오파지 P2 농축액을 2 x 10^2 플라크/㎖로 희석한 것.

② 밤새 배양한 *E. coli* C1a 배양액: 박테리오파지 P2의 적당한 숙주세포로 bacterial lawn 형성을 위해 사용.

③ LB 배양액

④ LB agar basal plate: 1%의 agar 농도로 만들어진 플레이트

⑤ Soft top agar (묽게 제조된 agar): 0.7 %의 agar가 함유된 0.2% trypton 용액을 멸균하고 고체 상태로 보관하다 실험할 때 마이크로웨이브 오븐(microwave oven)으로 가열하여 녹여 55℃ 정도의 액체 상태로 고온 유지기(heat block)에서 유지.

기기 및 기구

① 일회용 멸균 튜브 (15 ml)
② 알코올램프
③ 55℃로 유지되는 고온 유지기(heat block)
④ 피펫 에이드
⑤ 피펫
⑥ 마이크로 피펫맨 세트
⑦ 배양기(incubator)

실험방법

① 멸균하여 보관 중인 soft top agar를 전자레인지에 넣고 액체 상태가 되도록 가열한다.
② 액체 상태로 가열된 soft top agar를 피펫을 사용하여 55℃로 맞춰진 고온 유지기에 꽂아 놓은 일회용 멸균 튜브에 3㎖씩 나누어 옮긴다. 가해진 soft agar 용액이 55℃로 낮춰질 수 있도록 충분한 시간을 준다(보통 10분 정도 지나면 55℃ 정도가 됨)
③ 밤새 배양한 *E. coli* C1a 배양액 200㎕를 soft top agar 용액이 담긴 채 55℃ 고온 유지기에 꽂혀있는 15㎖ 멸균 튜브에 피펫맨을 써서 옮겨 놓는다.
④ 박테리오파지 P2 희석액 100㎕를 피펫맨을 사용하여 ③항에서 *E. coli* C1a 배양액을 넣은 15㎖ 멸균 튜브에 옮겨 놓는다.
⑤ 15㎖ 멸균 튜브를 고온 유지기에서 빼서 튜브 속의 내용물(soft top agar, *E. coli* C1a 배양액, 박테리오파지 P2 희석액)이 골고루 잘 섞이도록 양손으로 3에서 4회 비빈 후, LB agar basal plate의 뚜껑을 열고 플레이트 위에 잘 퍼지도록 붓는다. 이때 플레이트를 한 손으로 들고 내용물이 쏟아지지 않도록 좌우로 천천히 서너 차례 흔들어 준다.

⑥ 플레이트 뚜껑을 덮고, 실험대에서 약 5분간 그대로 놓아두어 basal 플레이트 위에 한 층 올려놓은 soft top agar 층이 굳을 수 있는 시간을 준 다음 뚜껑이 아래로 향하게 뒤집은 채 37℃ 배양기에 옮기고 밤새 배양한다.

⑦ 다음날 플레이트의 bacterial lawn 위에 나타난 투명한 플라크를 관찰한다.

(B) 박테리오파지 용해지역 관찰

재료

① 박테리오파지 P2 농축액: 박테리오파지 P2 농축액(2 x 10^6 플라크/㎖ 이상의 농도)

② 밤새 배양한 *E. coli* C1a 배양액: 박테리오파지 P2의 적당한 숙주세포로 bacterial lawn 형성을 위해 사용.

③ LB 배양액

④ LB agar basal plate: 1%의 agar 농도로 만들어진 플레이트

⑤ Soft top agar (묽게 제조된 agar)

기기 및 기구

① 일회용 멸균 튜브 (15 ml)

② 알코올램프

③ 55℃로 유지되는 고온 유지기(heat block)

④ 피펫 에이드

⑤ 피펫

⑥ 마이크로 피펫맨 세트

⑦ 백금이(loop)

⑧ 배양기(incubator)

실험방법

① 멸균하여 보관 중인 soft top agar를 전자레인지에 넣고 액체 상태가 되도록 가열한다.

② 액체 상태로 가열된 soft top agar를 피펫을 사용하여 55℃로 맞춰진 고온 유지기에 꽂아 놓은 일회용 멸균 튜브에 3㎖씩 나누어 옮긴다. 가해진 soft top agar 용액이 55℃로 낮춰질 수 있도록 충분한 시간을 준다(보통 10분 정도 지나면 55℃ 정도가 됨)

③ 밤새 배양한 *E. coli* C1a 배양액 200㎕를 soft top agar 용액이 담긴 채 55℃ 고온 유지기에 꽂혀있는 15㎖ 멸균 튜브에 피펫맨을 써서 옮겨 놓는다.

④ 15㎖ 멸균 튜브를 고온 유지기에서 빼서 튜브 속의 내용물(soft top agar, *E. coli* C1a 배양액)이 골고루 잘 섞이도록 양손으로 3에서 4회 비빈 후, LB agar basal plate의 뚜껑을 열고 플레이트 위에 잘 퍼지도록 붓는다. 이때 플레이트를 한 손으로 들고 내용물이 쏟아지지 않도록 좌우로 천천히 서너 차례 흔들어 준다.

⑤ 약 5분간 뚜껑을 연 채로 실험대에서 건조 시키면 잠재적인 bacterial lawn이 만들어진 것이다. 이때 오염방지를 위해 잡담하거나 움직이지 않는다.

⑥ 알코올램프로 달군 백금이를 써서 박테리오파지 P2 농축액에 담근 후 떠내어, ⑤항에서 만든 bacterial lawn 위에 조심스럽게 덧바른다. 원하는 글자나 숫자를 그리며 덧바른다(세게 덧바르면 부어진 soft agar를 긁어 놓아 bacterial lawn을 파괴할 수 있음).

⑦ 역시 뚜껑을 연 채 5분간 건조한 후 조심스럽게 운반하여 37℃ 배양기에 넣고 뚜껑이 아래로 향하게 뒤집은 채 밤새 배양한다.

⑧ 다음날 플레이트의 bacterial lawn 위에, 용해지역(lysis area)이 덧바른 대로 나타났는지를 관찰한다.

결과

(A) 박테리오파지 플라크 관찰

① 독립적으로 존재하는 단일 플라크(single plaque)를 관찰.

(B) 박테리오파지 용해지역 관찰

① 백금이로 본인이 그린 대로 용해지역이 나타났는지 관찰.

고찰사항

1. 관찰한 플라크는 밤새 배양하는 동안 어떤 과정을 거쳐 생기게 되었는가?

2. 박테리오파지의 용해지역과 박테리아의 띄스트리크가 생기게 된 공통점은 무엇인가?

3. 55℃ 정도로 유지되는 soft top agar에 집어넣은 박테리아 밤새 배양액은 약 5분 정도는 죽지 않고 생존 가능하다는 사실이 실험적으로 알려졌다. 이러한 점이 주가평판법을 가능하게 하였다는 것을 알지만, 신속하게 배양액이 들어간 soft top agar를 플레이트에 부어야 하는 이유는 무엇인가?

실험 19

박테리아의 항생제 민감성: Kirby-Bauer test

이번 실험에서는 몇 가지 박테리아 종이 어떤 항생제에 민감한지를 알아보기 위한 Kirby–Bauer test를 수행할 것이다. 각 박테리아 배양액을 주가평판법에 따라 soft top agar와 섞어 플레이트에 도말 한 후, 상업적으로 판매되는 다양한 항생제가 특정 농도로 포화 된 디스크를 한 플레이트당 6가지 올려놓고 밤새 배양하여 halo 생성 여부를 통해 어떤 항생제에 민감한지를 판단하게 될 것이다. 앞에서 설명한 5가지 작용기작을 대표하는 항생제를 작용기작 별로 하나씩 고르고 하나를 더 추가하여 총 6가지 항생제 디스크 조합을 구성할 것이다.

재료

① 밤새 배양한 *E. coli* 배양액
② 밤새 배양한 *Bacillus subtilis* 배양액
③ 밤새 배양한 *Staphylococcus aureus* 배양액
④ 밤새 배양한 *Pseudomonas aeruginosa* 배양액
⑤ LA 플레이트
⑥ Soft top agar
⑦ 상업적으로 구입한 항생제 디스크: ampicillin 10μg/mℓ, nalidixic acid 30μg/mℓ, penicillin G 10IU/mℓ, polymixin 300IU/mℓ, streptomycin 10μg/mℓ, sulfamethoxazole 100μg/mℓ, tetracycline 30μg/mℓ, vancomycin 30μg/mℓ

기기 및 기구

① 마이크로 피펫맨 세트
② 피펫
③ 피펫 에이드
④ 15㎖ 멸균 튜브
⑤ 마이크로웨이브 오븐(microwave oven)
⑥ 고온 유지기(heating block)
⑦ 알코올램프
⑧ Forceps(or pincette; 핀셋)
⑨ 배양기(incubator)

실험방법

① 멸균 후 반 고체상태로 보관 중인 soft top agar를 전자레인지로 녹여 액체 상태로 만든 후, 55℃ 정도로 고정된 고온 유지기에 꽂아 놓은 15㎖ 멸균 튜브에 피펫을 사용해 3㎖씩 나눠 놓는다. 가해진 soft top agar 용액이 55℃로 낮춰질 수 있도록 충분한 시간을 준다(보통 10분 정도 지나면 55℃ 정도가 됨).
② 4종의 박테리아 밤새 배양액 200㎕를 마이크로 피펫맨을 사용하여 각각 4개의 soft top agar 용액에 집어넣는다.
③ 신속하게 튜브를 고온 유지기에서 빼서 손바닥으로 3에서 4회 비벼주어 내용물이 잘 섞이게 한 후, 뚜껑을 연 채로 실험대 위에 놓은 4개의 LA 플레이트 위에 각각 신속하게 잘 퍼지도록 붓는다. 이때 플레이트를 한 손으로 들고 내용물이 쏟아지지 않도록 좌우로 천천히 서너 차례 흔들어 준다.
④ 플레이트 뚜껑을 덮고, 실험대에서 약 10분간 그대로 놓아두어 플레이트 위에 한 층 올려놓은 soft top agar 층이 굳을 수 있도록 시간을 준다.

⑤ Forceps 끝에 알코올을 스프레이로 뿌린 후 알코올램프 불꽃에 달궈 멸균한 다음, 각 플레이트 위에 항생제 디스크를 올려놓는다. 전체 실험 그룹 중 반은 A에 제시한 6개의 항생제 디스크를 올려놓고, 나머지 그룹은 B에 제시한 6개의 항생제 디스크를 올려놓는다.

A: penicillin G – nalidixic acid – polymixin – sulfamethoxazole – streptomycin – vancomycin

B: ampicillin – nalidixic acid – polymixin – sulfamethoxazole – tetracycline – vancomycin

항생제 디스크가 soft top agar 층에 잘 붙을 수 있게 forceps로 살짝 눌러준다.

⑥ 뚜껑이 아래로 향하게 뒤집은 채 37℃ 배양기에 옮기고 밤새 배양한다. 이렇게 하여야 배양 중 생기는 수분이 아래쪽 뚜껑에 떨어져 표면에 눌러놓은 항생제 디스크에 영향을 주지 않게 된다. 일반적으로 뒤집어 놓은 상태에서 soft top agar 층에 눌러놓은 항생제 디스크는 거의 떨어지지 않는다.

⑦ 다음날 배양 후, 4개의 플레이트에 올려놓은 항생제 디스크 근처에 halo가 나타났는지와 나타났다면 halo의 크기가 얼마나 큰지를 자로 측정하여 기록한다.

결과

① A형 조합:

	E. coli	*B. subtilis*	*S. aureus*	*P. aeruginosa*
penicillin G				
nalidixic acid				
polymixin				
sulfamethoxazole				
streptomycin				
vancomycin				

② B형 조합:

	E. coli	*B. subtilis*	*S. aureus*	*P. aeruginosa*
ampicillin				
nalidixic acid				
polymixin				
sulfamethoxazole				
tetracycline				
vancomycin				

고찰사항

1. 아래 항생제는 5가지 작용기작에 따라 분류하면 어떤 그룹에 속하는지 쓰시오.

① Penicillin G:

② Nalidixic acid:

③ Polymixin:

④ Sulfamethoxazole:

⑤ Streptomycin:

⑥ Tetracycline:

⑦ Vancomycin:

⑧ Ampicillin:

2. 그람 음성균인 *E. coli*와 그람 양성균인 *B. subtilis*가 아래 항생제에 대해 보인 실험 결과를 각종의 생리학적인 특징과 연관하여 설명하시오.

① Penicillin G:

② Streptomycin:

③ Vancomycin:

④ Polymixin:

⑤ Sulfamethoxazole:

⑥ Nalidixic acid:

실험 20 박테리아의 항생제 MIC 결정

이번 실험에서는 E test (Epsilometer test)와 배양액 희석 방법(Broth dilution test)을 직접 수행할 것이다.

(A) E test (Epsilometer test)

재료

① 밤새 배양한 *E. coli* 배양액
② 밤새 배양한 *Bacillus subtilis* 배양액
③ 밤새 배양한 *Staphylococcus aureus* 배양액
④ 밤새 배양한 *Pseudomonas aeruginosa* 배양액
⑤ LA 플레이트
⑥ Soft top agar
⑦ 상업적으로 구매한 ampicillin test strip

기기 및 기구

① 마이크로 피펫맨 세트
② 피펫
③ 피펫 에이드
④ 15㎖ 멸균 튜브
⑤ 마이크로웨이브 오븐(microwave oven)
⑥ 고온 유지기(heating block)
⑦ 알코올램프
⑧ Forceps(or pincette; 핀셋)
⑨ 배양기(incubator)

실험방법

① 멸균 후 반 고체상태로 보관 중인 soft top agar를 마이크로웨이브 오븐으로 녹여 액체 상태로 만든 후, 55℃ 정도로 고정된 고온 유지기에 꽂아 놓은 15 ㎖ 멸균 튜브에 피펫을 사용해 3㎖씩 나눠 놓는다. 가해진 soft top agar 용액이 55℃로 낮춰질 수 있도록 충분한 시간을 준다(보통 10분 정도 지나면 55°C 정도가 됨).

② 4종의 박테리아 밤새 배양액 200㎕를 마이크로 피펫맨을 사용하여 각각 4개의 soft top agar 용액에 집어넣는다.

③ 신속하게 튜브를 고온유지기에서 빼서 손바닥으로 3에서 4회 비벼주어 내용물이 잘 섞이게 한 후, 뚜껑을 연 채로 실험대 위에 놓은 4개의 LA 플레이트 위에 각각 신속하게 잘 퍼지도록 붓는다. 이때 플레이트를 한 손으로 들고 내용물이 쏟아지지 않도록 좌우로 천천히 서너 차례 흔들어 준다.

④ 플레이트 뚜껑을 덮고, 실험대에서 약 10분간 그대로 놓아두어 플레이트 위에 한 층 올려놓은 soft top agar 층이 굳을 수 있도록 시간을 준다.

⑤ Forceps 끝에 알코올을 스프레이로 뿌린 후 알코올램프 불꽃에 달궈 멸균한 다음, 각 플레이트 위에 ampicillin test strip을 올려놓는다. Ampicillin test strip이 soft top agar 층에 잘 붙을 수 있게 forceps로 살짝 눌러준다.

⑥ 뚜껑이 아래로 향하게 뒤집은 채 37℃ 배양기에 옮기고 밤새 배양한다. 이렇게 하여야 배양 중 생기는 수분이 아래쪽 뚜껑에 떨어져 표면에 눌러놓은 ampicillin test strip에 영향을 주지 않게 된다. 일반적으로, 뒤집어 놓은 상태에서 soft top agar 층에 눌러놓은 ampicillin test strip은 거의 떨어지지 않는다.

⑦ 다음날 배양 후, 4개의 플레이트에 올려놓은 ampicillin test strip에 halo가 처음 나타나는 곳에 표시된 항생제 농도를 읽고 기록한다.

(B) 배양액 희석 방법(Broth dilution test)

재료

① 밤새 배양한 *E. coli* 배양액
② 밤새 배양한 *Bacillus subtilis* 배양액
③ 밤새 배양한 *Staphylococcus aureus* 배양액
④ 밤새 배양한 *Pseudomonas aeruginosa* 배양액
⑤ LB 배양액
⑥ Ampicillin 용액(400㎍/㎖ 농도)

기기 및 기구

① 마이크로 피펫맨 세트
② 96-well 플레이트
③ 다중 채널 피펫맨 세트(multi-channel pipette man set)
④ 배양기(incubator)
⑤ 멸균된 이쑤시개(sterile toothpick)
⑥ 알코올램프
⑦ Forceps(or pincette; 핀셋)
⑧ 15㎖ 멸균 튜브
⑨ 진탕 배양기(shaking incubator)

실험방법

① Well 용량이 300㎕인 96-well 플레이트의 각 well에 100㎕의 LB 배양액을 다중 채널 피펫맨을 사용해 집어넣는다.
② 첫 번째 칸(column)에 있는 well에 ampicillin 용액(400㎍/㎖ 농도) 100㎕를 역시 다중 채널 피펫맨을 사용해 집어넣는다. 이때 첫 번째 칸에 있는 well의 ampicillin 농도는 최종적으로 200㎍/㎖이 된다.
③ 다중 채널 피펫맨을 사용해 첫 번째 칸에 있는 용액을 1에서 2회 차례로 조금 흡입하고 방출하여 섞은 다음, 100㎕를 취하여 두 번째 칸으로 동시에 옮긴다. 이 과정을 통해 첫 번째 well의 ampicillin 농도가 두 번째 well에서 2배 희석되어 100㎍/㎖로 된다.

④ 다중 채널 피펫맨의 tip을 바꿔 끼고 ③항과 같이 두 번째 칸에 있는 well에서 100㎕를 취하여 세 번째 칸으로 옮긴다.

⑤ ④항과 같이 반복하여 계속 옆 칸으로 용액을 옮김에 따라 ampicillin 농도는 2배씩 희석된다.

⑥ 마지막 칸의 well까지 희석이 모두 끝나면, 96-well 플레이트의 4줄(row)을 택하여 4종의 박테리아 이름을 표시한다.

⑦ 표시된 균주 이름에 따라 다중 채널 피펫맨을 사용하여 해당 박테리아 밤새 배양액을 5㎕ 취하여 줄에 있는 모든 well에 접종한다.

⑧ 접종이 모두 끝난 96-well 플레이트의 뚜껑을 덮고 37℃로 고정된 배양기에서 밤새 배양한다.

⑨ 다음날, 접종한 줄의 각 well의 생장을 확인하고 기록한 후 MIC를 결정한다.

⑩ MBC 결정을 원하면, 배양액이 접종된 줄에서 생장이 관찰되지 않은 well에 멸균된 이쑤시개를 약 1분간 비스듬히 기대놓은 후 알코올램프로 멸균한 forceps로 꺼내 3㎖의 LB 배양액이 담겨있는 15㎖ 멸균 튜브로 옮긴다.

⑪ 약 1분간 이쑤시개를 튜브에 담근 뒤 forceps로 제거하고 튜브 뚜껑을 닫고 37℃ 진탕 배양기에 넣고 180rpm으로 밤새 배양한다.

⑫ 다음날, 각 튜브의 박테리아 생장 여부를 관찰하고 기록하여 MBC를 결정한다.

결과

(A) E test (Epsilometer test)

① 각 균주의 MIC 결정.

- *E. coli*
- *Bacillus subtilis*
- *Staphylococcus aureus*
- *Pseudomonas aeruginosa*

(B) 배양액 희석 방법(Broth dilution test)

① 각 균주의 MIC 결정.

- *E. coli*
- *Bacillus subtilis*
- *Staphylococcus aureus*
- *Pseudomonas aeruginosa*

②각 균주의 MBC 결정.

- *E. coli*

- *Bacillus subtilis*

- *Staphylococcus aureus*

- *Pseudomonas aeruginosa*

고찰사항

1. Ampicillin test strip을 사용한 본 실험에서, *E. coli*와 *Pseudomonas aeruginosa*의 MIC 값이 다른 두 종의 박테리아의 MIC보다 크게 나오는 이유를 설명하시오.

2. 정균성(bacteristatic) 항생제에서 MBC 값이 MIC 값보다 크게 나오는 이유를 설명하시오.

3. 살균성(bactericidal) 항생제의 경우, 이론적으로 MBC 값과 MIC값은 어떤 관계가 있는지 설명하시오.

실험 21

박테리아 유전체 DNA 분리와 확인 (전기영동)

이번 실험에서는, 밤새 배양한 *Escherichia coli*로부터 유전체 DNA를 분리하고, 이것을 아가로스 젤 전기영동 한 후 EtBr 염색과 탈색을 거쳐 UV를 조사하며 DNA 밴드를 확인할 것이다.

(A) 유전체 DNA 분리

재료

① 밤새 배양한 *E. coli* C1a 배양액

② 10% SDS (Sodium dodecyl sulfate)

③ 5M NaCl

④ TE buffer(완충액): 10mM Tris(pH 8.0), 1mM EDTA

⑤ TE(Tris-EDTA) saturated phenol/chloroform

⑥ Absolute ethanol(얼음에 묻어 차게 한 것)

⑦ D.W.

⑧ RNase A (10㎍/㎖) solution

기기 및 기구

① Eppendorf tube(EP tube)

② 마이크로 피펫맨 세트

③ 팁

④ 진탕 혼합기(vortex mixer)

⑤ 항온 수조(water bath)

⑥ 소형 원심분리기(micro centrifuge)

⑦ 배양기

실험방법

① *E. coli* C1a 밤새 배양액 1㎖을 Eppendorf tube에 넣고 소형 원심분리기로 8,000rpm, 2분간 원심분리 하여 세포 침전물(cell pellets)을 얻는다.

② 세포 침전물을 340㎕의 TE에 녹인 후(이때 진탕 혼합기를 사용하여 완전히 녹여야 함), 18㎕의 10% SDS를 가한다.

③ 37℃로 고정된 항온수조에 놓아 30분 동안 반응이 일어나도록 한다.

④ 반응액에 70㎕의 5M NaCl을 가한 후 몇 차례 흔들어 잘 섞는다.

⑤ 전체 반응액(약 430㎕ 정도)에 430㎕의 phenol/chloroform 용액을 가하고 30초간 진탕 혼합기를 사용해 섞은 후(반드시 비닐장갑을 낀 손으로 눌러 섞이도록 함), 원심분리(10,000 rpm, 3분)하여 상층액(수용액 층)을 새로운 EP tube에 옮긴다. 이러한 작업을 추출(extraction)이라 한다.

⑥ 최종적으로 얻은 상층액에 2배 부피의 차게 한 에탄올(cold ethanol)을 가한다. 이때 유전체 DNA(물론 RNA도 함께 섞여 있음)가 용액 중 뭉쳐져서 떠다니는 것을 관찰할 수 있다.

⑦ 12,000rpm에서 8분간 원심분리한 후 얻어진 침전물을, EP tube의 뚜껑을 열어놓은 채로 10분간 37℃로 고정된 배양기에서 건조 시킨다.

⑧ 침전물에 우선 50㎕의 D.W.를 넣어 녹인다. 계속 D.W.를 가하여 최종적으로 200㎕의 D.W.에 녹인다.

⑨ DNA 용액에 2㎕의 RNase A 용액을 넣고 잘 섞어 준 후, 37℃로 고정된 항온수조에 놓아 30분 동안 반응이 일어나도록 한다.

⑩ 바로 전기영동을 하거나, 다른 날 전기영동을 할 경우 4℃ 냉장고에 보관한다.

(B) 아가로스 젤 전기영동

재료

① 아가로스 젤(agarose gel): 통상적으로 유전체 DNA를 전기영동 할 경우 0.8% 젤을 사용함.

* 0.8% 아가로스 100㎖을 만들려면, 아가로스 0.8g을 달아 TAE 완충액(buffer) 100㎖에 넣은 후 마이크로웨이브 오븐에 넣고 약 2분간 작동하여 완전히 투명하게 가열한 후 식혀 젤 틀(frame)에 붓는다.

② TAE 완충액(Tris-acetate EDTA buffer): 0.04M Tris-acetate, 0.01M EDTA. 통상적으로 50배 또는 100배의 농축액을 만들어 놓고 희석하여 사용함.

* 50배 농축액 (50X) 1 liter 제조; 242g의 Tris base를 D.W. 500㎖에 용해하고 57.1㎖의 glacial acetic acid와 100㎖의 0.5M EDTA(pH 8.0)를 넣은 후 최종적으로 D.W.를 가하여 1 liter로 맞춘다.

③ 6X loading dye: 0.25% bromophenol blue, 0.25% xylene cyanol FF, 40%(w/v) sucrose in D.W.

④ EtBr solution(10㎎/㎖)

기기 및 기구

① 수평 전기영동 키트(horizontal electrophoresis kit)

② 마이크로웨이브 오븐(microwave oven)

③ 마이크로 피펫맨 세트

④ UV transilluminator(UV조사 장치)

⑤ 디지털 카메라(digital camera) 장치

실험방법

① 아가로스 0.8g을 달아 100㎖ TAE 완충액에 넣고 마이크로웨이브 오븐에서 가열하여 충분히 녹인다.

② 액체 상태의 아가로스 젤이 50℃ 정도로 식을 때까지 상온에 놓아둔 후, 충분히 식으면 전기영동 젤 장치에 부어 아가로스 젤을 만든다.

③ (A) 항에서 얻어진 DNA 용액 5㎕에 6X loading dye 1㎕를 가하여 혼합한 후, 마이크로 피펫맨을 사용해 아가로스 젤의 홈(well or slot)에 집어넣는다.

④ 100 Volt로 전압을 고정하여 약 30분간 전기영동 한다.

⑤ 전기영동이 끝난 젤을 EtBr 염색액에 넣고 약 15초간 염색한다.

⑥ TAE 완충액으로 된 탈색액에 젤을 넣고 약 10분간 탈색한다.

⑦ 젤을 UV transilluminator 위에 올려놓고 UV를 조사하며 나타난 밴드를 관찰하고 디지털 카메라 장치로 영상을 얻는다.

결과

(A) 유전체 DNA 분리

① 유전체 DNA 분리 과정 중, 찬 에탄올을 가했을 때 실타래처럼 엉킨 것을 관찰.

② 에탄올 침전의 마지막 원심분리 후, EP 튜브 아래 벽면에 침전 확인.

(B) 아가로스 젤 전기영동

① 젤에 나타나는 밴드 관찰.

고찰사항

1. 유전체 DNA 분리 과정에서 SDS가 세포막을 파괴하는 이유를 화학 구조적으로 설명하시오.

2. Cold ethanol(찬 에탄올)을 가하면 용액에 녹아 있는 DNA가 엉키는 이유를 설명하시오.

3. 전기영동을 통해 DNA 분자가 양극 쪽으로 이동하는 이유를 설명하시오.

4. EtBr이 DNA 이중나선구조에 끼어 들어갈 수 있는 이유를 설명하시오.

실험 22

플라스미드 DNA 분리와 확인

본 실험에서는 플라스미드 Litmus38을 가진 *E. coli* JM105 (Litmus38) 밤새 배양액으로부터, 종래의 알칼리 용해 방법(Doly 방법)과 최근 많이 사용하는 상업적인 키트 제품을 이용하여 플라스미드 DNA를 분리한 다음 각각을 아가로스 젤에 전기영동 하여 플라스미드 분리 여부를 확인할 것이다.

(A) 알칼리 용해 방법(alkaline lysis method)

재료

① 밤새 배양한 JM105 (Litmus38) 배양액

② Solution I:
50mM glucose, 25mM Tris-Cl(pH 8.0), 10mM EDTA(pH8.0)

③ Solution II:
0.2N NaOH, 1% SDS (10N NaOH, 10% SDS stock으로부터 사용할 때마다 새롭게 희석하여 사용함).

④ Solution III: 100 ㎖ 제조
5M Potassium acetate 60㎖ + Glacial acetic acid 11.5㎖ + DW 28.5㎖

⑤ 페놀(phenol)/클로로포름(chloroform) 혼합용액

⑥ Absolute ethanol

⑦ 70% 에탄올

⑧ RNase A (10㎍/㎖) solution

기기 및 기구

① Eppendorf tube(EP tube)

② 마이크로 피펫맨 세트

③ 진탕 혼합기(vortex mixer)

④ 미량 원심분리기(micro-centrifuge)

⑤ 진공 건조기(vacuum drying evaporator) 또는 배양기(incubator)
⑥ 항온 수조(water bath)

실험방법

① 밤새 키운 *E. coli* JM105(Litmus 38) 배양액을 1.5 ㎖ EP 튜브에 넣고 미량 원심분리기를 3분간 8,000rpm으로 돌려 침전물을 얻는다.
② 침전물에 100㎕의 Solution I을 가하고 진탕 혼합기로 진탕 하면서 완전히 녹인다.
③ 5분쯤 놓아둔 후 200㎕의 Solution II를 가하고 두세 번 아래위로 흔들어 골고루 섞이게 한 다음 얼음에 EP tube를 꽂아 3분간 놓아둔다.
④ 150㎕의 Solution III를 가하고 잘 섞어 준 후, 역시 얼음에 꽂아 5분간 놓아둔다.
⑤ EP 튜브를 미량 원심분리기에서 12,000rpm으로 10분간 돌려 cleared lysates를 얻는다.
⑥ 얻어진 cleared lysates를 새 EP 튜브에 옮기고 같은 부피의 페놀/클로로포름 혼합액을 가한 후 진탕 혼합기에서 약 30초 동안 혼합한다. 이때 반드시 비닐장갑이나 수술용 장갑을 착용하도록 한다.
⑦ EP 튜브를 미량 원심분리기에서 10,000rpm으로 3분간 돌린다.
⑧ 층 분리가 일어난 용액에서 상층 용액만을 마이크로 피펫맨을 써서 조심스럽게 여러 번에 걸쳐 새로운 EP 튜브에 옮긴다.
⑨ 옮겨진 전체 상층액 부피의 두 배에 해당하는 차게 한 에탄올을 가한 후, 진탕 혼합기를 사용하여 잘 혼합한다.
⑩ EP 튜브를 적어도 15분 이상 −20℃ 이하에 놓아둔 다음, 미량 원심분리기에서 12,000rpm으로 10분간 돌려 침전물을 얻는다.
⑪ 침전물만을 남기고 에탄올을 버린 다음, 200㎕ 정도의 70% 에탄올을 가하여 침전물의 표면을 세척 한다. 이때 미량 원심분리기에서 12,000rpm으로 3분 정도 돌려 DNA 침전물이 떨어져 나가지 않도록 한다.
⑫ 70% 에탄올을 완전히 제거하고 나서 침전물이 남은 EP 튜브를 진공 건조기에 넣고 침전물이 마르도록 한다. 진공 건조기가 없으면 37℃로 고정된 배양기에 뚜껑을 열어 둔 채로 10분간 놓아두어도 된다.
⑬ 침전물에 원하는 양의 멸균 증류수나 TE 완충액을 넣어 침전물을 녹인다.

⑭ 용액 속에 2㎕의 RNase A (10㎍/㎖)를 넣고 37℃로 고정된 항온수조에서 30분간 반응시킨다. 이 과정을 거치면 최종적으로 플라스미드 DNA 용액을 얻게 된다.

(B) 키트 제품을 사용한 플라스미드 DNA 분리

재료

① 밤새 배양한 JM105 (Litmus38) 배양액

② 상업적으로 구입한 플라스미드 DNA 분리 키트:
Solution I, II, III (알칼리 용해 방법에 사용하는 것과 유사한 조성)와 DNA 흡착수지 장치 튜브(resin tube), 세척 완충액(washing buffer solution) 그리고 용해 완충액으로 구성됨.

기기 및 기구

① 마이크로 피펫맨 세트

② 진탕 혼합기(vortex mixer)

③ 미량 원심분리기(micro centrifuge)

④ 진공 건조기(vacuum drying evaporator) 또는 배양기(incubator)

실험방법

① 키트 제조사의 사용 매뉴얼에 따라 Solution I, II, II를 차례로 넣어 cleared lysate를 얻는다.

② 얻어진 cleared lysate를 키트 제조사에서 공급한 DNA 흡착 수지 함유 여과막 장착 튜브에 가한 후, 미량 원심분리기로 돌리면서 DNA가 수지에 흡착하도록 한다.

③ DNA가 흡착된 수지에 세척 완충액을 가하여 세척 한다.

④ 원하는 양의 멸균 증류수나 TE 완충액을 여과막 장착 튜브에 가하고, 미량 원심분리기에서 1분간 돌려 회수 튜브에 떨어진 플라스미드 DNA 용액을 얻는다.

(C) 아가로스 젤 전기영동(agarose gel electrophoresis)

재료

① 0.8% 아가로스 젤(agarose gel)
② TAE 완충액(Tris–acetate EDTA buffer)
③ X6 loading dye
④ EtBr solution(10㎎/㎖)

기기 및 기구

① 마이크로웨이브 오븐(microwave oven)
② 수평 전기영동 키트(horizontal electrophoresis kit)
③ 마이크로 피펫맨 세트
④ UV trans–illuminator(UV 조사장치)
⑤ 디지털 카메라 장치

실험방법

① 아가로스 0.4g을 달아 50㎖ TAE 완충액에 넣고 마이크로웨이브 오븐에서 가열하여 충분히 녹인다.
② 액체 상태의 아가로스 젤이 50℃ 정도로 식을 때까지 상온에 놓아둔 후, 충분히 식으면 전기영동 젤 장치에 부어 아가로스 젤을 만든다.
③ (A), (B) 항에서 얻은 플라스미드 DNA 용액 5㎕에 6X loading dye 1㎕를 가하여 혼합한 후, 마이크로 피펫맨을 사용해 아가로스 젤의 홈(well or slot)에 집어넣는다.
④ 100 Volt로 전압을 고정하여 약 30분간 전기영동 한다.
⑤ 전기영동이 끝난 젤을 EtBr 염색액에 넣고 약 15초간 염색한다.
⑥ TAE 완충액으로 된 탈색액에 젤을 넣고 약 10분간 탈색한다.
⑦ 젤을 UV trans–illuminator 위에 올려놓고 UV를 조사하며 나타난 밴드를 관찰하고 디지털 카메라 장치로 영상을 얻는다.

결과

(A) 알칼리 용해 방법(alkaline lysis method)

① 에탄올 침전의 마지막 원심분리 후, EP 튜브 아래 벽면에 침전 확인.

② D.W. 나 완충액으로 용해한 DNA를 아가로스 젤 전기영동 할 때까지 4℃에 보관.

(B) 키트 제품을 사용한 플라스미드 DNA 분리

① D.W. 나 완충액으로 용출(elution)한 DNA를 아가로스 젤 전기영동 할 때까지 4℃에 보관.

(C) 아가로스 젤 전기영동(agarose gel electrophoresis)

① 젤에 나타나는 밴드 관찰 및 사진 촬영.

고찰사항

1. 알칼리 용해 방법에서 사용하는 Solution II의 NaOH와 SDS가 하는 역할은 각각 무엇인가?

2. 알칼리 용해 방법에서 사용하는 Solution III의 potassium acetate가 하는 역할은 무엇인가?

3. Cleared lysates에 같이 있는 단백질을 제거하기 위해 알칼리 용해 방법에서는 어떠한 과정을 수행하였는가?

4. 단백질 제거를 거친 cleared lysates에 차게 한 에탄올을 가하면 DNA의 침전이 일어나는데, 이는 어떤 화학작용에 의한 것인가?

5. 상업적으로 구입한 키트 제품에서, cleared lysates를 처리하는 여과막 튜브에 장착된 수지(resin)가 하는 역할은 무엇인가?

실험 23

제한효소 절단과 연결반응

이번 실험에서는 실험 21에서 얻은 *E. coli* 의 유전체 DNA를 제한효소로 절단한 다음, 실험 22에서 분리한 벡터 플라스미드인 Litmus 38을 역시 같은 제한효소로 절단한다. 한편 절단된 벡터 플라스미드가 자가연결(self-ligation) 되는 것을 방지하기 위해, 절단된 벡터 DNA 말단의 탈인산화 반응을 촉매하는 효소인 alkaline phosphatase로 처리할 것이다. 탈인산화 된 벡터 플라스미드와 유전체 DNA 사이의 연결반응(ligation)을 수행하여 재조합 플라스미드(recombinant plasmid)를 만든다. 연결반응이 끝난 DNA 반응액은 형질전환 실험을 수행할 때까지 4℃에 보관한 후, 형질전환 실험에 사용할 것이다.

(A) 유전체 DNA의 제한효소 절단(restriction enzyme digestion)

재료

① 유전체 DNA: 실험 21에서 추출한 *E. coli* C1a 유전체 DNA 용액

② 제한효소: *Eco*RI

③ 10X 제한효소 완충액(reaction buffer): 제한효소 제조사가 제공하는 완충액

④ 0.8 % 아가로스 젤

⑤ 1kb DNA ladder: DNA 단편의 크기 표준

⑥ 6X loading dye

⑦ TAE buffer

⑧ EtBr solution(10㎎/㎖)

기기 및 기구

① 마이크로 피펫맨 세트

② 미량 원심분리기(micro-fuge)

③ 항온 수조(water bath)

④ 수평 전기영동 키트(horizontal electrophoresis kit)

⑤ UV trans−illuminator(UV 조사장치)
⑥ 디지털 카메라(digital camera) 장치

실험방법

① *E. coli* C1a 유전체 DNA의 절단 반응을 아래와 같이 준비한다.
E. coli C1a 유전체 DNA 8㎕ + 10X *Eco*RI buffer 1㎕ + *Eco*RI 1㎕
② ①항에서 준비한 반응액을 37℃ 항온수조에서 45분간 반응시킨다.
③ 반응액 EP 튜브의 뚜껑 부위를 파라필름(parafilm)으로 잘 밀봉한 후 65℃로 고정된 항온수조에 20분간 반응시켜 남아 있는 제한효소를 모두 불활성화 시킨다.
④ 반응액에서 1㎕를 취하고 4㎕의 D.W.와 1㎕의 6X loading dye를 넣고 잘섞은 후, 0.8% 아가로스 젤의 홈에 집어넣는다. 남아 있는 반응액은 4℃에 보관한다. 이때 1kb ladder 용액 6㎕도 인접한 홈에 집어넣는다.
⑤ 100 Volt로 전압을 고정하여 약 30분간 전기영동 한다.
⑥ 전기영동이 끝난 젤을 EtBr 염색액에 넣고 약 15초간 염색한다.
⑦ TAE 완충액으로 된 탈색액에 젤을 넣고 약 10분간 탈색한다.
⑧ 젤을 UV trans−illuminator 위에 올려놓고 UV를 조사하며 나타난 밴드를 관찰하고 디지털 카메라 장치로 영상을 얻는다.

(B) 플라스미드 벡터 DNA의 제한효소 절단

재료

① 플라스미드 DNA: 실험 22에서 추출한 Litmus 38 플라스미드 DNA 용액
② 제한효소: *Eco*RI
③ 10X 제한효소 완충액(reaction buffer): 제한효소 제조사가 제공하는 완충액
④ 0.8 % 아가로스 젤
⑤ 1kb DNA ladder: DNA 단편의 크기 표준
⑥ 6X loading dye
⑦ TAE buffer
⑧ EtBr solution(10㎎/㎖)

기기 및 기구

① 마이크로 피펫맨 세트
② 미량 원심분리기(micro-fuge)
③ 항온 수조(water bath)
④ 수평 전기영동 키트(horizontal electrophoresis kit)
⑤ UV trans-illuminator(UV 조사장치)
⑥ 디지털 카메라(digital camera) 장치

실험방법

① 플라스미드 벡터 Litmus 38 DNA의 절단 반응을 아래와 같이 준비한다.
Litmus 38 플라스미드 DNA 5㎕ + 10X *Eco*RI buffer 1㎕ + D.D.W. 3㎕ + *Eco*RI 1㎕
② ① 항에서 준비한 반응액을 37℃ 항온수조에서 45분간 반응시킨다.
③ 반응액 EP 튜브의 뚜껑 부위를 파라필름(parafilm)으로 잘 밀봉한 후 65℃로 고정된 항온수조에 20분간 반응시켜 남아 있는 제한효소를 모두 불활성화 시킨다.
④ 반응액에서 1㎕를 취하고 4㎕의 D.W.와 1㎕의 6X loading dye를 넣고 잘섞은 후, 0.8% 아가로스 젤의 홈에 집어넣는다. 남아 있는 반응액은 4℃에 보관한다. 이때 1kb ladder 용액 6㎕도 인접한 홈에 집어넣는다.
⑤ 100 Volt로 전압을 고정하여 약 30분간 전기영동 한다.
⑥ 전기영동이 끝난 젤을 EtBr 염색액에 넣고 약 15초간 염색한다.
⑦ TAE 완충액으로 된 탈색액에 젤을 넣고 약 10분간 탈색한다.
⑧ 젤을 UV trans-illuminator 위에 올려놓고 UV를 조사하며 나타난 밴드를 관찰하고 디지털 카메라 장치로 영상을 얻는다.

(C) 벡터 DNA 절단 반응액의 탈인산화(de-phosphorylation)

재료

① 송아지 장내 alkaline phosphotase(calf intestinal alkaline phosphatase; CIAP)

② 10X alkaline phosphatase 반응 완충용액: 효소 제조회사가 제공

③ CIAP 반응 정지 완충용액(reaction stop buffer): 3% SDS(sodium dodecyl sulfate), 30 mM EDTA

④ 0.8 % 아가로스 젤

⑤ 6X loading dye

⑥ EtBr solution(10㎎/㎖)

⑦ TAE buffer

⑧ 1kb DNA ladder: DNA 단편의 크기 표준

기기 및 기구

① 마이크로 피펫맨 세트

② 미량 원심분리기(micro-fuge)

③ 항온 수조(water bath)

④ 수평 전기영동 키트(horizontal electrophoresis kit)

⑤ UV trans-illuminator(UV 조사장치)

⑥ 디지털 카메라(digital camera) 장치

실험방법

① 아래와 같은 반응액을 준비한다.
벡터 플라스미드 *Eco*RI 절단 반응액 9㎕ + 10X CIAP 완충액 5㎕ + D.W. 31㎕ + CIAP 5㎕

② 반응액을 37℃ 항온수조에서 30분간 반응시킨다.

③ 30분 반응 후, 반응액에 10㎕의 CIAP 반응 정지 완충용액을 넣고 파라필름으로 EP 튜브의 뚜껑을 잘 밀봉한 다음 65℃에 고정된 항온수조에서 30분간 반응시키고 곧 얼음 속에 넣어 식힌다.

④ 탈인산화 벡터 반응액에서 5㎕를 취한 것에 6X loading dye 1㎕를 넣어 잘 섞은 후 0.8% 아가로스 젤의 홈에 loading한다. 남은 탈인산화 벡터 반응액은 4℃에 보관한다. 이때 인접한 홈에 1kb ladder 6㎕를 loading 한다.
⑤ 100 Volt로 전압을 고정하여 약 30분간 전기영동 한다.
⑥ 전기영동이 끝난 젤을 EtBr 염색액에 넣고 약 15초간 염색한다.
⑦ TAE 완충액으로 된 탈색액에 젤을 넣고 약 10분간 탈색한다.
⑧ 젤을 UV trans-illuminator 위에 올려놓고 UV를 조사하며 나타난 밴드를 관찰하고 디지털 카메라 장치로 영상을 얻는다.

(D) DNA Ligation(DNA 연결반응)

재료

① T4 DNA ligase(T4 DNA 연결효소)
② 10x T4 DNA ligase buffer(연결효소 완충액): 효소 제조회사가 제공
③ 0.8% 아가로스 젤
④ 6X loading dye
⑤ EtBr solution(10㎎/㎖)
⑥ TAE buffer
⑦ 1kb DNA ladder: DNA 단편의 크기 표준

기기 및 기구

① 마이크로 피펫맨 세트
② 미량 원심분리기(micro-fuge)
③ 항온 수조(water bath)
④ 수평 전기영동 키트(horizontal electrophoresis kit)
⑤ UV trans-illuminator(UV 조사장치)
⑥ 디지털 카메라(digital camera) 장치

실험방법

① (A)항과 (C)항에서 얻은 젤 사진의 밴드 밝기를 토대로 유전체 DNA 절단 반응액과 벡터 DNA 절단−탈인산화 반응액의 ligation을 위한 비율을 예측한다. 대개 유전체 DNA : 벡터 DNA의 비가 4 : 1 이 되도록 맞춘다.

② 아래와 같은 반응액을 준비한다.
탈인산화된 벡터 플라스미드 Litmus 38 반응액 18㎕ + 절단 유전체 DNA 반응액 8㎕ + 10X T4 DNA 연결효소 완충액 3㎕ + T4 DNA ligase 1㎕
만일 상업적으로 판매하는 ligation 키트 제품을 이용할 경우, 제조사 매뉴얼에 따라 반응액을 준비한다.

③ 반응액을 16℃ 항온수조에서 16시간 이상 반응시킨다. Ligation 키트 제품을 사용한다면, 제조사에서 제시한 온도와 시간 동안 반응시킨다.

④ 반응액 중 3㎕를 취하여 D.W. 2㎕와 섞고 6X loading dye 1㎕를 넣어 잘 섞은 후 0.8% 아가로스 젤의 홈에 loading 한다. 남은 ligation 반응액은 4℃에 보관한다. 이때 인접한 홈에 1kb ladder 6㎕를 loading 한다.

⑤ 100 Volt로 전압을 고정하여 약 30분간 전기영동 한다.

⑥ 전기영동이 끝난 젤을 EtBr 염색액에 넣고 약 15초간 염색한다.

⑦ TAE 완충액으로 된 탈색액에 젤을 넣고 약 10분간 탈색한다.

⑧ 젤을 UV trans−illuminator 위에 올려놓고 UV를 조사하며 나타난 밴드를 관찰하고 디지털 카메라 장치로 영상을 얻는다.

결과

(A) 유전체 DNA의 제한효소 절단(restriction enzyme digestion)

① 유전체 DNA의 제한효소 반응 후, 1㎕를 취하여 전기영동 한 아가로스 젤 상에 나타난 영상의 밴드 크기와 모양을 관찰. 유전체 DNA의 절단이 완전히 일어나면, 몇 개의 밴드가 나타나기보다는 전체적으로 퍼진 DNA 자국(smear)이 나타나게 될 것이다.

(B) 플라스미드 벡터 DNA의 제한효소 절단

① 플라스미드 벡터 DNA의 제한효소 반응 후, 1㎕를 취하여 전기영동 한 아가로스 젤 상에 나타난 영상의 밴드 크기와 모양을 관찰. DNA 크기 표준으로 사용한 1kb DNA ladder 밴드와 비교하여 플라스미드 벡터 DNA의 크기 추정.

(C) 벡터 DNA 절단 반응액의 탈인산화(de-phosphorylation)

① 탈인산화 반응이 끝난 후 전기영동 하여 얻은 젤에 나타난 영상에서 벡터 DNA의 절단 반응과 비교하여 밴드 크기와 밝기 변화 여부 확인.

(D) DNA Ligation(DNA 연결반응)

① 연결반응이 잘 일어났을 때 아가로스 젤 상에서 특정한 몇 개의 밴드로 나타나지 않고 전체적으로 퍼진 DNA 자국(smear)으로 나타나게 되는데, 연결반응액 중 3μℓ를 취하여 전기영동 한 영상 관찰.

고찰사항

1. 유전체 DNA의 제한효소 절단 반응이 제대로 일어나면, 몇 개의 밴드가 나타나기보다는 전체적으로 퍼진 DNA 자국(smear)이 나타나는 이유를 설명하시오.

2. 벡터 Litmus 38에 *Eco*RI 인식 부위가 하나 존재한다. *Eco*RI으로 Litmus 38 DNA를 절단하여 얻은 아가로스 젤 상에서 몇 개의 밴드가 나타나는가?

3. 탈인산화(dephosphorylation) 반응이 벡터 플라스미드의 자가연결(self-ligation)을 방지할 수 있는 이유를 설명하라.

4. 연결반응(ligation) 시에 벡터 플라스미드의 양과 끼어 들어갈 유전체 DNA 양의 적당한 비가 정해지는 원리를 생각해 보시오.

5. 연결반응(ligation)을 촉매하는 T4 DNA 연결효소의 적정 반응 온도는 37℃지만, 일반적으로 16℃에서 연결반응을 수행하는 이유를 설명하시오.

6. 연결반응(ligation)을 확인하는 젤 상에서 특정한 몇 개의 밴드가 나타나지 않고 전체적으로 퍼진 DNA 자국(smear)이 나타나는 이유를 설명하시오.

실험 24

유전형질전환

이번 실험에서는 실험 23에서 제조한 항생제 암피실린(ampicillin)에 내성을 보이는 재조합 플라스미드를 외부 DNA로 사용하여 형질전환 실험을 수행한 후, 암피실린 함유 배지에 반응액을 도말 하여 밤새 배양할 것이다. 다음날 암피실린 함유 배지에서 나타난 콜로니는 항생제 내성 유전자를 가진 재조합 플라스미드가 성공적으로 숙주세포 내로 들어가 발현하여 배지에 있는 항생제를 분해하면서 자란 것일 확률이 높다.

(A) 수용성 세포(competent cells) 제조

재료

① 밤새 배양한 *E. coli* JM105 배양액
② LB 배양액
③ 0.1 M CaCl2
④ 0.1 M MgCl2
⑤ 15% 글리세롤(glycerol) 함유 0.1 M CaCl2
⑥ Dry ice−ethanol bath

기기 및 기구

① 진탕 배양기(shaking incubator)
② 500㎖ 가지 달린 플라스크(side−arm flask)
③ Spectronic 20
④ 고속 원심분리기(high−speed centrifuge)
⑤ 초저온 냉동고(deep freezer)

실험방법

① 500㎖ 가지 달린 플라스크에 50㎖의 LB 배양액을 채운 후, *E. coli* JM105 밤새 배양한 배양액 1㎖을 가한다.

② 진탕 배양기에서 37℃, 200rpm으로 배양하면서 흡광도를 측정한다.

③ 흡광도 값이 0.5에서 0.7 사이에 위치할 때(보통 3시간 정도의 배양시간이 필요), 배양액을 얼음에 놓아 미리 식혀진 원심분리 튜브 두 개에 균형을 맞춰 따라 붓는다.

④ 고속 원심분리기의 SS-34 형 로터(SS-34 type rotor)를 사용하여 10,000rpm으로 10분간 원심분리 하여 침전물(pellet)을 얻는다.

⑤ 침전물을 미리 얼음에 놓아 식힌 0.1M $MgCl_2$ 용액 5㎖로 세척 한다.

⑥ 고속 원심분리기의 SS-34 형 로터를 사용하여 10,000rpm으로 3분간 원심분리 하여 다시 침전물(pellet)을 얻는다.

⑦ 침전물을 미리 얼음에 놓아 식힌 0.1M $CaCl_2$ 용액 5㎖에 녹이고 고속 원심분리기의 SS-34 형 로터를 사용하여 10,000rpm으로 3분간 원심분리 하여 다시 침전물(pellet)을 얻는다.

⑧ 침전물을 2㎖의 15% 글리세롤 함유 0.1M $CaCl_2$로 녹인 후, 200㎕씩 10개의 EP 튜브에 나누어 넣고 바로 dry ice-ethanol이 담긴 비커에 담가 급속 냉동하여, 형질전환 실험에 사용할 때까지 초저온 냉동고에 보관한다.

(B) 수용성 세포를 사용한 형질전환

재료

① 수용성 세포(competent cells):
(A) 항에서 제조하여 －70℃로 보관 중인 *E. coli* JM105 수용성 세포

② 재조합 플라스미드(recombinant plasmid):
실험 23에서 연결반응 하여 4℃에 보관 중인 재조합 플라스미드

③ LA-Ap 플레이트: 50㎍/㎖ 암피실린을 함유한 플레이트

기기 및 기구

① 마이크로 피펫맨 세트
② 알코올램프
③ 스프레더
④ 항온 수조(water bath)
⑤ 배양기(incubator)

실험방법

① (A)항에서 제조하여 초저온 냉동고에 보관 중인 수용성 세포 EP 튜브(200㎕) 두 개를 꺼내어 얼음 위에 놓고 자연적으로 녹인다.
② 한 수용성 세포 EP 튜브에는 실험 23에서 연결반응 한 3㎕의 재조합 플라스미드 반응액을 넣고, 다른 수용성 세포 EP 튜브에는 멸균 증류수 3㎕를 넣고 음성 기준(negative control)으로 삼는다.
③ 두 EP 튜브를 얼음에 박아 놓고 30분간 놓아둔다.
④ 두 EP 튜브를 42℃로 고정된 항온수조로 옮기고 2분간 반응시킨다.
⑤ 두 EP 튜브를 항온수조에서 바로 얼음으로 옮기고, 각 EP 튜브의 내용물을 100㎕씩 LA−Ap 플레이트에 도말 한다. 암피실린 내성을 선택적 표식으로 할 경우, 도말 전 30분에서 1시간의 37℃ 배양과정은 필요하지 않은 것으로 밝혀졌다.
⑥ 배양접시를 37℃로 맞춰진 배양기에 옮기고 밤새 배양한다.
⑦ 다음날 각 플레이트에 나타난 콜로니를 관찰한다.

결과

(A) 수용성 세포(competent cells) 제조

① 얻어진 수용성 세포를 초저온 냉동고에 보관.

(B) 수용성 세포를 사용한 형질전환

① D.W.만을 수용세포에 가한 EP 튜브와 재조합 플라스미드를 첨가한 EP 튜브를 각각 도말 한 배양접시에서 나타난 콜로니 숫자를 세어 간단한 도표로 만들기.

	LA-Ap 플레이트에 나타난 콜로니 수
재조합 플라스미드 반응액을 가한 수용성 세포를 도말 한 것	
D.W.를 가한 수용성 세포를 도말 한 것	

고찰사항

1. $CaCl_2$ 방법에 따라 수용성 세포를 제조하는 전 과정을 요약하시오.

2. 수용성 세포를 제조하여 초저온 냉동고에 보관하려 할 때, 15% 글리세롤(glycerol)이 함유된 0.1M $CaCl_2$를 사용하는 이유는 무엇인가?

3. 유전자 재조합 기법에서 재조합 플라스미드를 새로운 숙주세포에 형질전환할 때, 손쉽게 외부 DNA의 도입을 확인하기 위해 벡터 플라스미드에는 선택적 표식으로 주로 어떠한 유전자가 사용되는가?

배지(media) (알파벳 순)

① Christensen's Urea Agar: per 1 liter

Peptone 1g

Dextrose 1g

Sodium chloride 5g

Potassium phosphate monobasic 2g

Urea 20g

Phenol red 0.012g

Agar 15g.

* Agar를 제외한 조성물들을 100㎖의 D.W.에 녹이고 0.45㎛ 공극 크기(pore size)를 가진 필터 디스크를 사용해 여과 멸균한다. Agar를 900㎖의 D.W.에 넣고 고온 고압 멸균한 후, 55℃에서 60℃로 식힌 다음 여과 멸균한 나머지 조성물들을 넣고 잘 섞은 후 플레이트에 붓는다. 굳어진 플레이트는 사용할 때까지 4℃에 보관한다.

② LA 플레이트(LB agar plate): per 1 liter

Tryptone 10g

Yeast extract 5g

NaCl 10g

Agar 15g (1.5% agar)

③ LB 배양액(LB broth): per 1 liter

Tryptone 10g

Yeast extracts 5g

NaCl 10g

④ MacConkey Agar: per 1 liter

Peptone 17g

Polypeptone 3g

Lactose 10g

Bile salts 1.5g

Sodium chloride 5g

Agar 13.5 g

Neutral red 0.03g

Crystal violet 0.001g

pH 7.1.

⑤ MRS 배지(LRS broth; 개발자인 de Man, Rogosa and Sharpe의 첫 자를 따서 부름): per 1 liter

Peptone 10g

Beef extract 10g

Yeast extract 5g

Dextrose 20g

Polysorbate 1g

Ammonium citrate 2g

Sodium acetate 5g

Magnesium sulfate 0.1g

Manganese sulfate 0.05g

Dipotassium phosphate 2g

⑥ MRS 플레이트(MRS plate): per 1 liter

MRS 배지 조성물질을 녹인 후 agar 15g(1.5% agar)을 가함.

⑦ MR−VP(methyl red Voges−Proskauer) 배양액(MR−VP broth): per 1 liter

Peptone 7g

Diphotassium Phosphate 5g

Glucose 5g

pH 7.0.

⑧ NA 플레이트(Nutrient agar plate): per 1 liter

Beef extract 3g

Peptone 5g

Agar 15g(1.5% agar)

⑨ NB 배양액(Nutrient broth): per 1 liter

Beef extracts 3g

Peptone 5g

⑩ Simmons citrate agar: per 1 liter

Ammonium dihydrogen phosphate 1g

Dipotassium phosphate 1g

Sodium chloride 5g

Sodium citrate 2g

Magnesium sulfate 0.2g

Agar 15g

Bromothymol blue 0.08g

Distilled water up to 1 liter, pH 6.9.

⑪ Soft top agar(연한천): per 1 liter

Trptone 2g

Agar 7g

* 시약병에 넣어 멸균하고 반 고체상태로 보관한다. 필요할 때 전자레인지(microwave oven)로 녹여 액체 상태로 되게 한 후, 55℃ 정도로 고정된 고온 유지기(heating block)에 미리 꽂아 놓아 예열된 멸균 튜브에 피펫을 사용하여 3㎖씩 나눠 놓는다. 90㎜ 플레이트에 부어 위층을 형성하려면 적어도 3㎖의 soft top agar가 필요하므로 1개의 플레이트용으로 튜브당 3㎖씩 나누어 놓는다.

⑫ Stuart's Urea Broth: per 1 liter

Yeast extract 0.1g

Potassium phosphate monobasic 9.1g

Potassium phosphate dibasic 9.5g

Urea 20g

Phenol red 0.01g.

* 조성물을 1 liter에 모두 녹인 후, 0.45㎛ 공극 크기(pore size)를 가진 필터 디스크를 사용해 여과 멸균한다.

⑬ Tryptophan Broth(트립토판 배양액): per 1 liter

Tryptone 10g

NaCl 5g

DL−Tryptophan 1g

pH 7.5.

시약 용액(Reagent solution) (알파벳 순)

① Agarose gel(아가로스 젤): 통상적으로 플라스미드 DNA를 전기영동 할 경우, 0.8% 전후 농도의 젤을 사용함.

* 0.8% 아가로스 100㎖을 만들려면, 아가로스 0.8g을 달아 TAE 완충액(buffer) 100㎖에 넣은 후 마이크로웨이브 오븐에 넣고 약 2분간 작동하여 완전히 투명하게 가열한 후 식혀 젤 틀(frame)에 붓는다.

② 5% α-Naphthol:

5g α-Naphthol을 100㎖의 25% 에탄올에 녹임.

③ CIAP(Calf intestinal alkaline phosphatase) reaction stop buffer(CIAP 반응 정지 완충용액):

3% SDS(sodium dodecyl sulfate)

30 mM EDTA

④ Crystal violet 용액:

Solution A: 95 % ethanol 20㎖에 crystal violet 2g을 녹임.

Solution B: D.W. 80㎖에 ammonium oxalate 0.8g을 녹임.

Solution A와 B를 mix.

⑤ 5% Iodine solution:

D.W. 300㎖에 potassium iodine 2g을 녹인 후 iodine 결정체 1g을 첨가함.

⑥ 40% KOH solution:

40g KOH를 D.W.에 녹여 최종적으로 200㎖이 되도록 함.

⑦ Kovac's reagent(코박 시약):

para-dimethyl aminobenzaldehyde 0.1g을 isoamyl-alcohol 1.5㎖에 완전히 용해시킨 후 진한 HCl 0.5㎖을 천천히 첨가.

⑧ 0.02% Methyl red solution:

Methyl red 0.02g을 95% ethanol 60㎖에 녹인 후 D.W. 40㎖ 첨가하여 총 100㎖로 맞춤.

⑨ 6X Loading dye:

0.25% Bromophenol blue

0.25% Xylene cyanol FF

40%(w/v) Sucrose in D.W.

⑩ Safranin 용액:

Safranin O (95% ethanol에 2.5% 용액으로 만든 것) 10㎖과 D.W. 100㎖을 섞음.

⑪ Solution I in alkaline lysis:

50mM Glucose

25mM Tris−Cl (pH 8.0)

10mM EDTA (pH8.0)

⑫ Solution II in alkaline lysis:

0.2N NaOH

1% SDS

* 10N NaOH, 10% SDS stock으로부터 사용할 때마다 새롭게 희석하여 사용함.

⑬ Solution III in alkaline lysis: 100㎖ 제조

5M Potassium acetate 60㎖

Glacial acetic acid 11.5㎖

D.W. 28.5㎖을 가하여 100㎖로 맞춤.

⑭ TAE buffer (Tris−acetate EDTA buffer):

0.04M Tris−acetate

0.01M EDTA.

pH 8.0

* 통상적으로 50배 또는 100배의 농축액을 만들어 놓고 희석하여 사용함.

* 50배 농축액 (50X) 1 liter 제조 예; 242g의 Tris base를 D.W. 500㎖에 용해하고 57.1㎖의 glacial acetic acid와 100㎖의 0.5M EDTA(pH 8.0)를 넣은 후 최종적으로 D.W.를 가하여 1 liter로 맞춤.

참고문헌

1. Bauman, R.W., (2012) Microbiology with Diseases by Body System with Mastering Microbiology®, 3rd Edition, Pearson.
2. Birge, E.A., (1994) Bacterial and Bacteriophage Genetics, 3rd. Edition, Springer-Verlag.
3. Cappuccino, J., (2014) Microbiology: A Laboratory Manual, 10th Edition, Pearson.
4. Harvey, R.A., et al (2013) Lippincott's Illustrated Reviews Series : Microbiology 3rd Edition, Wolters Kluwer.
5. Kiser, K.M., Payne, W.C., T.A. Taff, (2011) Clinical Laboratory Microbiology: A Practical Approach, Prentice Hall.
6. Madigan, M.T, et al, (2013) Brock Biology of Microorganisms, 13th Edition, Benjamin Cummings.
7. Maloy, S.R., J.E. Cronan, Jr., D. Freifelder, (1994) Microbial Genetics, 2nd. Edition, Jones and Bartlett.
8. Sambrook, J., D.W. Russell, (2001) Molecular Cloning: A Laboratory Manual, 3rd. Edition, Cold Spring Harbor Laboratory press.
9. Tortora, J., et al, (2005) Microbiology: An Introduction Brief Edition, Benjamin Cummings.
10. Tortora, J., et al, (2013) Microbiology: An Introduction, 11th Edition, Benjamin Cummings.
11. Tune, N., J. Trempy, (2004) Fundamental Bacterial Genetics, Blackwell.
12. Willey, J.M., L.M. Sherwood, C.J. Woolverton, (2009) Prescott's Principles of Microbiology, McGraw-Hill.
13. 김경진, (2009) 미생물 유전학 실험, 지코사이언스
14. 김응빈, 강범식 공역, (2019) 토토라 미생물학 포커스, (주)바이오사이언스출판
15. 한국미생물학회 공역 (2008) Benson's 미생물학실험 (Brown, A.E., Benson's Microbiological Applications: Laboratory Manual in General Microbiology, Complete Version, 10th Edition, McGraw-Hill). 지코사이언스.
16. 한국미생물학회 공역 (2008) 미생물학 (Nester, E. W. et. al., Microbiology A Human Perspective, 5th Edition, McGraw-Hill). 지코 사이언스.